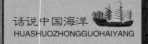

话说中国海洋
HUASHUOZHONGGUOHAIYANG

资源系列

侍茂崇 主编

话说中国海洋国土

郭佩芳 石洪源 编著

SPM
南方出版传媒
广东经济出版社
·广州·

图书在版编目（CIP）数据

话说中国海洋国土/ 郭佩芳，石洪源编著. —广州：广东经济出版社，2014.12
（话说中国海洋资源系列）
ISBN 978 – 7 – 5454 – 3648 – 8

Ⅰ. ①话… Ⅱ. ①郭…②石… Ⅲ. ①①海洋资源 – 国土资源 – 中国 – 普及读物 Ⅳ. ①P74—49

中国版本图书馆 CIP 数据核字（2014）第 248828 号

出版发行	广东经济出版社（广州市环市东路水荫路 11 号 11~12 楼）
经销	全国新华书店
印刷	广州市岭美彩印有限公司
	（广州市荔湾区芳村花地大道南，海南工商贸易区 A 幢）
开本	730 毫米 × 1020 毫米　1/16
印张	12.5　2 插页
字数	200 000 字
版次	2014 年 12 月第 1 版
印次	2014 年 12 月第 1 次
印数	1~5 000 册
书号	ISBN 978 – 7 – 5454 – 3648 – 8
定价	45.00 元

如发现印装质量问题，影响阅读，请与承印厂联系调换。
发行部地址：广州市环市东路水荫路 11 号 11 楼
电话：（020）38306055　38306107　邮政编码：510075
邮购地址：广州市环市东路水荫路 11 号 11 楼
电话：（020）37601950　营销网址：http://www. gebook. com
广东经济出版社新浪官方微博：http://e. weibo. com/gebook
广东经济出版社常年法律顾问：何剑桥律师

总序

Zong Xu ▶

林 雄

　　自古以来，华夏文明的辞典中，就不乏"海国"一词。华夏民族，并不从一开始就是闭关锁国的，而是有着大海一般宽阔的胸怀。正是大海，一直激发着我们这个有着五千年历史的文明古国的想象力和创造力。一部中国海洋文化的历史是波澜壮阔的历史，让后人壮怀激烈，意气风发。

　　金轮乍涌三更日，宝气遥腾百粤山。

　　影聚帆樯通累译，祥开海国放欢颜。

　　古人寥寥几行诗，便把广东遍被海洋文明之华泽，充分地展现了出来。两千多年的海上丝绸之路，就是从广东起锚，不仅令广东无负"天之南库"之盛名，更留下千古传诵的"合浦珠还"等众多的神话传说。而指南针的发明，造船业的兴盛，尤其是航海牵星术，更令中国之为海国，赢得了全世界的声望。唐代广州的"通海夷道"、南汉的"笼海得法"、宋代的市舶司制度，充分显示了我们作为海洋大国的强势地位。明代郑和七下西洋，更创造了古代对外贸易、和平外交的出色典范。尽管自元代开始，有了禁海的反复，但明清"十三行"，在推动开海贸易上功不可没，并带来了大航海时代先进的人文与科学思潮，也为中国近代革命作出长期的铺垫，成为两千多年海上丝绸之路上的华彩乐段。新中国的广交会，可以说是"十三行"的延续，为打破列强的海上封锁，更为今日走向全面的对外开放，功高至伟。改革开放之初，以粤商为主体的国际华商，成为中国来自海外投资最早的，也是最大的份额。这也证实了中国民主革命的先驱孙中山先生所说的，国力强弱在海不在陆。海权优胜，则国力优胜。他的海洋实力计划，更在《建国方略》中一一加以了阐述。进入21世纪，中国制定了《全国海洋经济发展规划纲要》，提出了要把我国建设成为海洋强国的宏伟目标。海洋强则国家强，海业兴则民族兴。曾经有着辉煌的海洋文明的中国历史和现实充分印证了这一点。

正是在这个意义上，国家的强盛，历史之进步，无不与海洋相关。今日改革开放之所以取得如此巨大的成功，包含了当日海洋文化传统得以发扬光大的成果。在经济腾飞的今天，文化在综合竞争力中的地位已日益突出。而作为华夏文化的重要组成部分之一 —— 海洋文化，更早早显示出其强劲的势头。当我们致力于提高文化的创新力、辐射力、影响力与形象力之际，更应当从海洋文化中吸取取之不竭、用之不尽的活力源泉。

为此，我们出版《话说中国海洋》丛书，给海洋文化建设添加一汪活水，为推动广东乃至全国的海洋经济建设，使我国在更高层次，更宽领域参与国际合作与竞争，发挥一份力量。丛书亦可进一步增强国民的海洋意识，让国民认识海洋，了解海洋，普及海洋知识，激发开发海洋、维护海权的热情。这在当前，是一件很有现实意义的事情。

历经千年不息的海上丝路，来往的何止是数不胜数的宝舶，奔腾而来的更是始终推动世界文明进步的海洋文化。灿烂的东方海洋文化走到今天，当有更辉煌的乐章，从展开部推向高潮部，愈加丰富多彩，愈加激动人心。《话说中国海洋》丛书的出版，当为这一高潮部增色，令高亢、激越的乐曲久久回荡在无边的大海之上，永不止歇！

是为序。

（作者系中共广东省委常委、宣传部部长）

目录

Contents

第一章>>
绪 论

地球，人类生存的家园，至今已有46亿年的历史。由于地球海洋面积远远大于陆地面积，故有人将地球称为一个"大水球"。海洋，这个对我们人类生存发展至关重要的庞大水体，我们已习惯它的潮涨潮落，浪卷浪舒，它的浩瀚与博大。海洋是生命的摇篮，是人类未来的希望，但是海洋是怎么形成的？世界海洋是如何划分的？我国海洋又是怎样的呢？这一章就让我们走近神秘的海洋。

一 沧海与桑田

麻姑是我国神话故事中的仙女，据晋·葛洪《神仙传》记载，麻姑出生于建昌，在牟州东南姑余山修道成仙。麻姑自得道以来，青春永驻，相貌如同十八九岁女子的样子，颇有仙法，能掷米成珠。东汉桓帝时王方平邀请麻姑一同前往蔡经家做客，做客期间，麻姑自言道："自从得了道接受天命以来，我已经亲眼见到东海三次变成桑田。刚才恰到蓬莱，又看到海水比以前浅了一半，恐怕那里又将变为陆地了。"听此言，王方平叹息道："是呀，圣人们都说，大海的水在下降。不久，那里又将变为陆地，尘土飞扬了。"这就是成语"沧海桑田"的由来。虽然神话传说不能作为海陆变迁的科学依据，却体现了我国古代人民对海陆格局变迁的初步认识。

古时候，人类尚未开化，处于愚昧状态，将地震、雷电、火山等无法解释的自然现象看成神灵行为，随着人类认知能力和科学技术的发展，人们渐渐认识到这些现象背后隐藏的科学问题。根据现代研究，究其海陆变迁缘由，无非以下三点：一是地壳运动，二是海平面变迁，三是人类活动。让我们来看一下，这三种方式是怎么影响海陆变迁的。

地壳运动是海陆变迁最古老也最有影响力的作用因素。现代科学研究已经证明，地球内部的物质总在不停地运动着，这种运动促使地壳发生变动，引起上升或者下降。大陆边缘地区的海水深度较浅，当地壳上升时，海底便会露出地面，形成陆地；反之，若海边陆地下沉，则会变成海洋。有时，海底发生火山喷发或者地震会形成海底高原、山脉、火山等，它们积累到一定程度露出海面之后就会形成陆地。随着人类活动范围的增加，越来越多的实例证实了地球"沧海桑田"的变迁。

被称为"世界屋脊"的青藏高原，面积约250万平方千米，平均海拔超过4500米，它由一系列山脉构成。全世界海拔超过8000米的山峰共14座，全都位于青藏高原，其中珠穆朗玛峰为世界最高山峰，海拔8844.43米。青藏高原风景秀丽，景色优美：座座巍峨的雪山伫立在高原上，峻峭刚毅；无数蔚蓝的湖泊镶嵌在广阔的草原之上，美丽迷人；热气腾腾的泉水自岩石缝隙中涌出，水汽缭绕……

人们在为这瑰丽景色发出惊叹之余，不禁会问：鬼斧神工的青藏高原是怎么形成的呢？地球诞生之初它就是如此吗？纵有千万种答案，想必大家也很难想象出如今世界上最高的青藏高原曾经竟被埋在深深的海底。在青藏高原层层叠叠的页岩和石灰岩层中，地质学家们发掘出了大量恐龙化石、陆相植物化石、三趾马化石以及许多古代海洋生物化石，如鹦鹉螺、三叶虫、珊瑚、菊石、海百合、百孔虫、海胆和海藻等化石。面对这些古代海洋化石，地质学家们推断，早在两三亿年之前，青藏高原曾经是一片长条状的汪洋大海，与太平洋、大西洋相通。后来，由于强烈的地壳运动形成了古生代的褶皱山系，海洋随之

图1-1 美丽的青藏高原

消失，产生古祁连山和古昆仑山。新生代以后，又发生地壳运动，那些古老山脉再次强烈升起，又变成高峻的大山了。通过地壳的不断运动，茫茫沧海逐渐演变为巍峨高原。

海平面变迁对海陆变迁也有着日积月累的影响。过去60年来，全球平均海平面每年升高1.8毫米，近十年加快，每年以3.9毫米的速度升高，黑海水位升高尤其显著，从1978年开始，每年升高13厘米，迄今已高2.5米。如果人类不采取对策，到2050年全球平均海平面将升高30～50厘米。沿海许多工业基地将变成鱼虾遨游的泽国。电脑模拟结果令人沮丧：

2050年：世界各地海岸线70%、美国海岸线90%被海水淹没；

2050—2070年：巴勒斯坦国土1/5、尼罗河三角洲1/3、印度洋马尔代夫共和国都成泽国；东京、大阪、曼谷、威尼斯、彼得堡和阿姆斯特丹等沿海城市完全或局部沉入水中。

马尔代夫总统加尧姆忧心忡忡地说："海平面在逐渐升高，这意味着马尔代夫作为一个国家将消失在汪洋大海之中，真是灭顶之灾啊！"

随着人类活动能力的增加，人类开始试着用自己的能力来改变海陆格局。其中围海造地就是目前人类的主要方式。世界上有许多陆地资源贫瘠的沿海国家，对沿海滩涂或者海湾填海造地十分重视。其中典型代表当属于荷兰和日本。荷兰位于西欧北部，面临大西洋的北海，属于西欧沿海平原的一部分。荷兰海岸线较长，境内多低洼地带，其中1/4的国土海拔在海平面以下，约1/3的国土海拔仅高出海平面1米左右。其人口、经济也多集聚在低洼地区。从13世纪开始，荷兰的国土被北海不断侵蚀，为了与洪水抗争，排除低洼积水，防止潮水侵袭，拓展生存空间，荷兰人民开展了旷日持久的围海造地工程。几百年来，荷兰修筑的拦海堤坝长达1800千米，增加土地面积60多万公顷，时至今日，荷兰国土的25%是人工填海造出来的，荷兰国徽上印有的"坚持不懈（Je Maintiendrai!）"恰如其分地表述了荷兰人民围海造地的精神。

事实告诉我们，海陆格局不是一成不变的，而是处于动态变化中，今天的沧海也许就是明天的桑田，桑田也有可能化为沧海。

二 海洋的起源

1961年4月12日，莫斯科时间上午9时7分，27岁的苏联宇航员尤里·加加林穿着90千克重的太空服、乘坐重达4.75吨的宇宙飞船"东方1号"发射升空。尤里·加加林是第一位有幸从太空俯瞰地球全貌的人，这次飞行被誉为充满勇

图1-2　地球俯瞰图

气和远见的一次壮举，从此开启了载人航天的新纪元。在太空中，他惊讶地发现地球表面大部分被海洋所覆盖，地球是一个蔚蓝色的美丽星球，它更应该被称为"水球"。

随着科技的发展，观测手段的多样化，人们终于可以一览地球全貌。经过计算，地球表面71%是海洋，陆地面积仅占29%。海洋彼此相连成一片，而陆地则被海洋分割成许多大大小小的陆块。

地球形成于距今约46亿年前，在地球刚刚形成的时候，表面上是没有水的，更没有海洋。水来源于何处，海洋又从何而来呢？

亲爱的读者们，为了哥德巴赫猜想，全世界的数学家们都劳心焦思、绞尽脑汁。殊不知，为了解海洋的起源，几千年来，世界上不知道有多少人历尽千辛万苦，甚至耗尽了毕生的精力和心血。

一般认为，海水的形成是和地球物质的整体演化作用有关。地球从炽热的太阳星云中分离出来后本身就含有水分，水分在高温下形成水蒸气并在地球周围形成水汽合一的圈层。随着地球表面逐渐变冷，水汽开始凝结形成水滴，水滴凝聚成雨之后降到地面，随着时间的推移，雨水就逐步汇集形成海洋。

海洋的起源问题不仅仅需要探究海水起源的问题，还涉及洋盆的起源。如果将地球上的海水除去，地球将布满深坑，有的甚至可深达数万米。试问，这些深坑又是如何产生的呢？

19世纪中叶，乔治·达尔文（1879年）曾提出过"月球分出说"。达尔文认为，地球的早期处在半熔融状态，其自转速度比现在快得多，同时在太阳引力作用下会发生潮汐。如果潮汐的振动周期与地球的固有振动周期相同，便会发生共振现象，使得振幅越来越大，最终有可能引起局部破裂，使部分物体飞离地球，成为月球，而留下的凹坑遂发展成为太平洋。由于月球的密度与地球浅部物质的密度近似，而且人们也确实观测到，地球的自转速度有越早越快的现象，这就使乔治·达尔文的"月球分出说"获得了许多人的支持。但是这种说法经不住科学的推敲，根据牛顿力学定律，这种假说成立的前提是地球拥有极快的旋转速度，但是事实并非如此。再者，如果月球是从地球飞出去的，月球的运行轨道应在地球的赤道面上，而事并实非如此。还有，月球岩石大多具有古老得多的年龄值（40亿～45.5亿年），而地球上已找到的最古老岩石仅38亿年，这显然也与飞出说相矛盾。最终，人们摒弃了这种观点。

也有人认为洋盆是陨石撞击地球形成的，例如法国学者狄摩契尔，他认为在2亿多年前，有一颗直径约200千米的陨星猛烈地撞击在太平洋地区，在那里撞击出了一个直径14000千米、深3～4千米的大坑，海水涌进了这个大坑，形成了太平洋。

至今为止，海洋起源与太阳系起源问题相联系，都是科学界无法给出答案的谜题。但是，科学界也不是毫无头绪可言，现代研究证明，大约在50亿年前，从太阳星云中分离出一些大小不一的星云块。在围绕太阳旋转的同时，自身也在不断转动，在此过程中，星云之间相互碰撞、结合，由小变大，逐渐形成原始的地球。星云在碰撞过程中，因为引力的作用导致急剧收缩，加上内部放射物质的蜕变，原始地球不断加热增温；当温度达到足够高的时候，地球内的物质开始发生融化，在

图1-3　火山喷发

重力的作用下，重的物质下沉并趋向地心，形成地核；轻的物质上浮，形成地壳和地幔。高温中，内部的水分发生汽化，随着气体物质一起喷出来，飞入空中。由于地心的引力作用，它们不会跑掉，只在地球周围运动。处在地球表层的地壳，在冷凝过程中，不断受到地球内部剧烈运动的冲压和挤压，因而变得褶皱不平，有时还会被挤破造成地震和火山喷发。地球形成之始，由于地壳的薄弱，这种现象频发，之后，渐渐减少，趋于稳定。大约在45亿年前，地球完成这种轻重物质分化，产生大动荡、大改组的过程。

地壳经过冷却定型之后，地球表面皱纹密布，褶皱不平，就像一个风干的苹果。高山、平原、河床和海盆，各种地形地貌一应俱全。

很长一段时期内，水汽和大气共存于空中，浓云密布，地暗天昏。随着地壳的冷却，大气温度也随之渐渐降低，水汽以尘埃和火山灰为凝结核，变成水滴，积聚增多，成云兴雨。雨水降落到地面，顺势而流，小流涓涓，大河汹涌，河流不断聚集，海洋逐渐形成。

对于现今的海陆格局，魏格纳曾提出著名的"大陆漂移说"。他根据地图中大陆各板块的分布和形状提出了该学说，他认为：大陆原本是连在一起的，称为泛古陆；地球上也只有一个大洋，称为泛古大洋。后来，由于地壳运动，导致这块大陆裂成几块，并分别向不同的方向移动，经过数亿年的演化，才形成今天的格局。而且这种运动并没有停止，还将一直演化下去。

海水是盐的"故乡"，海水中含有各种盐类，其中百分之九十左右是氯化钠，也就是食盐。另外还含有氯化镁、硫酸镁、碳酸镁及含钾、碘、钠、溴等各种元素的其他盐类。氯化镁是点豆腐用的卤水的主要成分，味道是苦的，因此，含盐类比重很大的海水喝起来就又咸又苦了。如果把海水中的盐全部提取出来平铺在陆地上，陆地的高度可以增加153米；假如把世界海洋的水都蒸发干了，海底就会积上60米厚的盐层。海水里这么多的盐是从哪儿来的呢？科学家们把海水和河水加以比较，研究了雨后的土壤和碎石，得知海水中的盐是由陆地上的江河通过流水带来的。当雨水降到地面，便向低处汇集，形成小河，流入江河，一部分水穿过各种地层渗入地下，然后又在其他地段冒出来，最后都流进大海。水在流动过程中，经过各种土壤和岩层，使其分解产生各种盐类物质，这些物质随水被带进大海。海水经过不断蒸发，盐的浓度就越来越高，而海洋的形成经过了几十万年，海水中含有这么多的盐也就不奇怪了。

然而，人类的历史才只有300多万年，与地球相比，这段历史显然只是一段极短暂的时光。因此，海洋起源问题至今仍没有非常确切的答案。

三 世界大洋格局

人们习惯性把世界上的大洋分为五部分，分别是太平洋、大西洋、印度洋、北冰洋和南大洋。作为自然形成的独立单元的大洋共有四个，即太平洋、大西洋、印度洋和北冰洋。除了这四大洋之外，人们通常又把围绕南极洲附近的太平洋、大西洋和印度洋的部分海域合称为南大洋。

太平洋

太平洋（Pacific Ocean）是世界上面积最大，深度最深，以及边缘海、河、岛屿最多的一个大洋，它位于亚洲、大洋洲、南北美洲和南极洲之间。"太平洋"一词最早出现于16世纪20年代，由大航海家麦哲伦及其

图1-4 世界地图

船队命名。据说当时麦哲伦船队经历艰险航行驶入太平洋时，这片海域没有一个风浪，海面十分平静，因此得名。

太平洋面积广阔，北到北极，南抵南极洲，西至亚洲和大洋洲，东界南、北美洲，与大西洋和印度洋连成

图1-5 太平洋平静的海面

环绕南极大陆的水域。其面积约占地球表面的三分之一，是世界上面积最大的洋。北部以宽度仅有102千米的白令海峡为界，东南部经南美洲的火地岛和南极洲葛兰姆地之间的德雷克海峡与大西洋沟通；沿苏门答腊岛、爪哇岛、努沙登加拉群岛南岸，到新几内亚岛（伊里安岛）南岸的布季，越过托雷斯海峡与澳大利亚约克角的连线，以及塔斯马尼亚东南角至南极大陆的经线，与印度洋分界。

太平洋南北长约15900千米，东西最大宽度约19900千米（从南美洲的哥伦比亚海岸至亚洲的马来半岛）。不包含邻近属海，面积约为16525万平方千米，占世界海洋总面积的49.8%。包括属海的平均深度为3939.5米，不包括属海的平均深度为4187.8米，已知最大深度为11033米（位于马里亚纳海沟内）。由于地球上主要山系的布局，注入太平洋河流的水量仅占全世界河流注入海洋总水量的1/7。

太平洋通常以南、北回归线为界，分南、中、北太平洋，或以赤道为界分南、北太平洋，也有以东经160°为界，分东、西太平洋的。

太平洋约有岛屿1万个，总面积440多万平方千米，约占世界岛屿总面积的45%。大陆岛主要分布在西部，如日本群岛、加里曼丹岛、新几内亚岛等；中部有很多星状散布的海洋岛屿（火山岛、珊瑚岛）。

全球约85%的活火山和约80%的地震集中在太平洋地区。太平洋东岸的美洲科迪勒拉山系和太平洋西缘的花彩状群岛是世界上火山活动最剧烈的地带，活火山多达370多座，有"太平洋火圈"之称，地震频繁。

太平洋地处于热带和副热带地区，因此热带和副热带气候占优势，兼

有其他各种气候带。太平洋生长的动、植物，无论是浮游植物或海底植物以及鱼类和其他动物都比其他大洋丰富。太平洋浅海渔场面积约占世界各大洋浅海渔场总面积的1/2，海洋渔获量占世界渔获量一半以上，此外海兽（海豹、海象、海熊、海獭、鲸等）捕猎和捕蟹业也占重要地位。

太平洋在国际交通上意义重大。有许多条联系亚洲、大洋洲、北美洲和南美洲的重要海、空航线经过太平洋；东部的巴拿马运河和西南部的马六甲海峡，分别是通往大西洋和印度洋的捷径和世界主要航道。太平洋沿岸有众多天然良港。

大西洋

大西洋（Atlantic Ocean），地球上第二大洋，位于欧洲，非洲与南、北美洲和南极洲之间。大西洋的面积，连同其附属海和南大洋部分水域在内（不计岛屿），约9165.5万平方千米，平均深度为3597米，最深处位于波多黎各海沟内，为9218米。大西洋东西两侧岸线大体平行。南部岸线平直，内海、海湾较少；北部岸线曲折，沿岸岛屿众多，海湾、内海、边缘海较多。岛屿和群岛主要分布于大陆边缘，多为大陆岛。开阔洋面上的岛屿很少。

根据大西洋的风向、洋流、气温等情况，通常将北纬5°作为南、北大西洋的分界。大西洋在北半球的陆界比在南半球的陆界长得多，而且海岸蜿蜒曲折，有许多属海和海湾。

大西洋洋底地貌的突出特征是有一条纵贯南北呈S形的海岭，宽达1610千米，称为大西洋中脊，它是环球海岭的一个组成部分。大西洋海底地形特点之一是大陆棚面积较大，主要分布在欧洲和北美洲沿岸。

大西洋南北伸延、赤道横贯中部，气候南北对称和气候带齐全是明显特征。同时受洋流、大气环流、海陆轮廓等因素影响，各海区间气候又有差别。大西洋上的气温分布与太平洋相似，既沿纬度方向延伸，又从赤道地区向高纬递减。

大西洋中的海洋资源相当丰富，已勘探和利用的资源主要是矿产资源和水产资源。大西洋中的矿产资源主要有石油、天然气、煤、铁、重砂矿和锰结核等。大西洋两岸边缘的海盆中构成两个油气带，即东大西洋带和西大西洋带。海底煤炭主要分布在英国东北部苏格兰的近海和加拿大新斯

图1-6　大西洋群岛

科舍半岛外侧的大陆架。此外在西班牙、土耳其、保加利亚、意大利等国沿海海底也发现有煤的储藏。在北美加拿大的纽芬兰岛东侧有世界最大海底铁矿，估计储量超过20亿吨，现已开采。大西洋深4000～5000米的海底广泛分布着锰结核，总储量约1万亿吨，主要分布在北美海盆和阿根廷海盆底部，其富集程度和品位均不及太平洋和印度洋。

　　大西洋生物资源丰富，最主要的是鱼类，其捕获量约占大西洋中海洋生物捕获量的90%左右。大西洋的渔获量曾居世界各大洋第一位，20世纪60年代以后低于太平洋，退居第二位。西北部和东北部的纽芬兰和北海地区为主要渔场，盛产鲱鱼、鳕鱼、沙丁鱼、鲭鱼、毛鳞鱼等。

　　大西洋在世界航运中处于极为重要的地位，它西通巴拿马运河连太平洋，东穿直布罗陀海峡，经地中海、苏伊士运河通向印度洋，北连北冰洋，南接南极海域，航路四通八达、十分便利。同时大西洋沿岸几乎都是各大洲最发达的地区、经济水平较高的资本主义国家，贸易、经济交往频繁，是世界环球航运体系中的重要环节和枢纽。在全世界2000多个港口中，大西洋沿岸占有3/5，其中不少是世界知名港口。

图1-7　印度洋绮丽的风光

印度洋

印度洋（Indian Ocean）位于亚洲、非洲、大洋洲和南极洲之间，大部分在南半球。西南以通过南非厄加勒斯特的经线同大西洋分界，东南以通过塔斯马尼亚岛东南角至南极大陆的经线与太平洋联结。印度洋的轮廓为：北部为陆地封闭，南面则以南纬60°为界，与南冰洋相连。面积7492万平方千米，约占世界海洋总面积的21.1%，是世界第三大洋。平均深度为3854米，最大深度达7455米（蒂阿曼蒂那海沟）。

印度洋属海较少。内海有红海和波斯湾；边缘海有西北部的阿拉伯海，东北部的安达曼海，东部的帝汶海和阿拉弗拉海；大海湾有西北部的亚丁湾和阿曼湾，东北部的孟加拉湾，澳大利亚北面的卡奔塔利亚湾、南面的大澳大利亚湾。在南极洲海域也有一些属海，海岸线除北部比较曲折之外，大部分平直，少岛屿。

印度洋海底地貌错综复杂，除洋底中部有呈"入"字形的大洋中脊外，东部尚有东印度洋海岭和岛弧、海沟带，在海岭、海丘、海台之间分布着许多海盆。大洋中脊呈"入"字形，将印度洋分成三个海域。

印度洋具有明显的热带海洋性和季风性特征。印度洋气温的分布随纬度改变而变化。赤道地区全年平均气温约为28℃。

印度洋的自然资源相当丰富，矿产资源以石油和天然气为主，主要分布在波斯湾，此外，澳大利亚附近的大陆架、孟加拉湾、红海、阿拉伯海、非洲东部海域及马达加斯加岛附近，都发现有石油和天然气。波斯湾海底石油探明储量为120亿吨，天然气储量7100亿平方米，油气资源占中东地区探明储量的1/4。印度洋的金属矿以锰结核为主，主要分布在深海盆底部，其中储量较大的是西澳大利亚海盆和中印度洋海盆。此外，在印度半岛的近海、斯里兰卡周围以及澳大利亚西海域中还发现相当数量的重砂矿。

印度洋的生物资源主要有各种鱼类、软体动物和海兽。印度洋终年捕鱼量约有500万吨，比太平洋、大西洋少得多。印度洋中以印度半岛沿海捕鱼量最大，主要捕捞鱼类有：鲭鱼、沙丁鱼和比目鱼，非洲南岸还有金枪鱼、飞鱼及海龟等。在近南极大陆的海域里，还有鲤鲸、青鲸和丰瓦洛鲸。此外，在波斯湾的巴林群岛、阿拉伯海、斯里兰卡和澳大利亚沿海还盛产珍珠。

印度洋是联系亚洲、非洲和大洋洲之间的交通要道。从印度洋往西北通过曼德海峡、红海；苏伊士运河、地中海和直布罗陀海峡到达西欧；向西南经好望角进入大西洋，通向欧美沿海各地；向东北经马六甲海峡和龙目海峡进入太平洋。印度洋沿岸是世界资源的一个重要出口地，沿岸各国出口的石油、矿砂、橡胶、棉花、粮食和进口的水泥、机械产品和化工产品等大宗货物都需要依靠廉价的海洋运输，再加上大量的过境运输，使印度洋有较大的运输量。

北冰洋

北冰洋（Arctic Ocean）是世界最小最浅和最冷的大洋。北冰洋的名字源于希腊语，意为正对大熊星座的海洋，大致以北极圈为中心，位于地球的最北端，被欧洲大陆和北美大陆环抱着，有狭窄的白令海峡与太平洋相通；通过格陵兰海和许多海峡与大西洋相连，是世界大洋中最小的一个，面积仅为1500万平方千米，不到太平洋的十分之一。它的平均深度约为1200米，最深为5499米。据自然地理特点，北冰洋分为北极海区和北欧海区两部分。

北冰洋气候寒冷，洋面大部分常年冰凉。洋面上有长年不化的冰层，占北冰洋面积的三分之二，厚度多在2~4米。中央海冰已持续存在300万年，是永久性的海冰；水温大部分在0℃以下；年降水仅75~200

图1-8　北冰洋的浮冰和积雪

毫米；冬季常有猛烈的暴风。

北冰洋海岸线十分曲折，形成了许多浅而宽的边缘海及海湾。海岸类型中有侵蚀海岸、峡湾式海岸、三角洲型海岸及泻湖式海岸。北冰洋岛屿众多，仅次于太平洋而居各大洋之第二位。岛屿总面积约为380万平方千米，均属大陆岛，多分布在大陆架上。

在北极点附近，每年近六个月是无昼的黑夜(10月至次年3月)，这时高空有光彩夺目的极光出现，一般带状、弧状、幕状或放射状，北纬70度附近常见。其余半年是无夜的白昼。

北冰洋虽然是一个冰天雪地的世界，气候严寒，还有漫长的极夜，不利于动植物生长，但它并不是人们想象的寸草不生，生物绝迹的不毛之地。与其他几大洋相比，它的生物数量和总量要匮乏得多。海岛上的植物主要是苔藓和地衣，南部的一些岛屿上有耐寒的草本植物和小灌木；动物以生活在海岛、浮冰和冰山上的白熊最著名，被誉为北极的象征，其他还有海象、海豹、雪兔、北极狐、驯鹿和鲸鱼等。由于气温和水温很低，浮游生物少，故鱼类的种类和数量也较少，只有巴伦支海和格陵兰海因处在寒暖流交汇处，鱼类较多，盛产鲱鱼、鳕鱼，是世界著名渔场之一。

北冰洋拥有相当丰富的矿产资源，是一个还没有开发的矿产宝库，其海底蕴藏着丰富的石油和天然气，沿岸地区及沿海岛屿有优质煤、铁资源。除此之外，北冰洋海区还蕴藏着丰富的铬铁矿、铜、铅、锌、钼、钒、铀、钍、冰晶石等矿产资源，但大多尚未开采利用。

北冰洋系亚、欧、北美三大洲的顶点，有联系三大洲的最短大弧航线，地理位置很重要。目前北冰洋沿岸有固定的航空线和航海线。

南大洋

南大洋（Southern Ocean），也叫"南极海"、"南冰洋"，是世界第五个被确定的大洋，是世界上唯一完全环绕地球却没有被大陆分割的大洋。南大洋由南太平洋、南大西洋和南印度洋各一部分，连同南极大陆周围的威德尔海、罗斯海、阿蒙森海、别林斯高晋海等组成。

因其北边缺乏陆地作为传统意义上的界限，某些科学家不予承认。由于该大洋北边没有陆地界线，人们一般以"副热带辐合线"作为其北边界。副热带辐合线作为水文界线，平均地理位置随着季节的不同会有变化，因此，南大洋没有确定的面积。

南大洋海洋生物以磷虾、企鹅、鲸和海豹为代表。

1969年前后，南极大陆近海的石油资源受到重视。1972年，"格格玛·挑战者"号深海钻探船在罗斯海底钻探，发现在地质年代较新的地层里，

图1-9　南大洋漂浮的浮冰

有气体碳氢化合物存在。但即使石油资源丰富，开采和运输都有巨大困难。此外，在南极辐合线以南，发现几处较大的锰结核产地。

四　我国海洋概况

我国是一个背陆面海的大国，位于亚洲东部，太平洋西岸，陆上国土面积约为960万平方千米，陆地国土面积位列世界第三位，仅次于俄罗斯和加拿大。我国近海有渤海、黄海、东海、南海四大海区，其中渤海是我国的内海。我国拥有32000千米海岸线，其中大陆海岸线长约18000千米，岛屿海岸线长约14000千米。我国领海宽度从领海基线向海量起12海里；领海面积约为38万平方千米。

在浩瀚的我国海域，分布着大大小小无数个岛屿，其中台湾岛最大，面积约3.58万平方千米；海南岛位居第二，面积约3.39万平方千米。台湾岛及海南岛分别为我国的两个省。崇明岛位居第三，位于长江入海口江海交界处，面积约为1083平方千米。另外还有一些重要岛屿，从北至南有位于渤海的长山列岛、庙岛群岛，位于东海的舟山群岛、澎湖列岛、钓鱼岛列岛，以及位于南海的东沙群岛、西沙群岛、中沙群岛和南沙群岛等。我国的海岸带面积约251625平方千米（各国海岸带的测量范围都没有固定标准，根据20世纪70~80年代全国海岛海岸带调查，我国海岸线是指海岸线

向陆地10千米、向海到15米等深线的范围之内的陆域和水域）。

我国海域面积辽阔，地处于中、低纬度地区，其海域具有比较优越的自然环境和资源条件。我国近海和管辖海域蕴藏着丰富的海洋资源。在我国管辖海域中，已鉴定的生物物种达两万多种，已开发的渔场面积约81万平方海里，浅海和滩涂总面积有1300多万公顷，其中200多万公顷水面适用于水产养殖。目前用于水产养殖的水面面积已高达90多万公顷。

我国近岸石油、天然气资源丰富，海域散布着30多个沉积盆地，总面积达70多万平方千米。据估计，这些盆地中的石油储量250多亿吨，天然气储量约14万亿立方米。大陆架海区石油资源量、天然气资源量分别占全国资源总量的20%和30%；海洋能源总装机容量2180万千瓦；已探明的矿产资源65种；我国沿海年吞吐量万吨以上港口达200多个，外贸运输的70%依赖海洋。

我国沿海有丰富的港口资源，沿岸有优良海湾和港口城市，自北向南依次有大连、秦皇岛、天津、烟台、青岛、连云港、南通、上海、宁波、温州、福州、厦门、广州、湛江、北海等，其中上海是我国最大的城市。沿我国的海岸线，分布着150多个面积大于10平方千米的海湾，其中深水港湾34个，宜建港的海湾和大河河口共计118个，深水岸线总长400多千米。

我国沿海地区海洋旅游前景广阔，有1500多处旅游娱乐景观资源，其中有国务院公布的16个国家历史文化名城，25处国家重点风景名胜区，130处全国重点文物保护单位和15处国家级海洋自然保护区。

自古以来，我国人民就利用海洋为其提供"舟楫之便，渔盐之利"。随着人类社会和科学技术的发展，人们利用海洋的范围越来越广泛，逐渐从过去的海洋运输、海洋捕捞和海水制盐三大传统产业发展成包含海洋渔业、海水养殖、海洋交通运输业、造船业、海滨旅游业、海水制盐业、海洋石油和天然气开采业、滨海矿砂开采业、海洋潮汐能和波浪能发电、海洋药物等多种产业。一些主要的海洋产业也在我国国民经济中发挥着越来越重要的作用。

改革开放以来，我国沿海地区经济呈持续快速发展势头，其中海洋经济的发展速度快于同期地区总体经济的发展。特别是海洋开发热潮，极大地推动了沿海地区的经济发展。海洋开发已成为沿海地区新的经济增长点和跨世纪的地区发展战略。1978年，全国海洋经济总产值只有60多亿元。经过20多年的努力，海洋传统产业稳步发展，新兴产业迅速崛起。到2012年，主要海洋产业总产值已经突破1.8万亿元大关。根据2012年统计，各主要海洋产业保持稳定增长态势，滨海旅游业、海洋渔业、海洋交通运输业作为海洋支柱产业，占主要海洋产业的比重达四分之三，其中滨海旅游业位居各主要海洋产业之首。新兴海洋产业发展迅速，海洋电力业、海水综合利用业等新型海洋产业在海洋经济中的地位逐步提高。

海洋经济已成为国民经济增长的新亮点。在此期间，国家一系列有力的政策、措施、规划、法规和技术的支撑，保证了海洋经济稳步、迅速地发展。

图片来源：

[1] 图1-1 http://www.quanjing.com/imginfo/189-0035.html.美丽的青藏高原

[2] 图1-2 http://blog.sctv.com/kjxw/kp/201307/t20130725_1538093.shtml.地球俯瞰图

[3] 图1-3 http://www.quanjing.com/imginfo/ieia000137.html .火山喷发

[4] 图1-4 高振生等，我国蓝色国土备忘录，中州古籍出版社，2010.世界地图

[5] 图1-5 http://www.nipic.com/show/1/73/4566589k7c2cfea9.html.太平洋平静的海面

[6] 图1-6 http://www.nipic.com/show/1/47/08eb4619e08c5181.html .大西洋群岛

[7] 图1-7 http://www.nipic.com/show/1/47/5940918kbe099570.html印度洋绮丽的风光

[8] 图1-8 http://www.nipic.com/show/1/47/3700807k2ba4cf6c.html北冰洋上的浮冰和积雪

[9] 图1-9 http://www.quanjing.com/imginfo/min260143.html南大洋漂浮的浮冰

第二章 >>
海洋国土

15~17世纪被称为大航海时代，这一时期，欧洲的船队出现在世界各处的海洋上，寻找着新的贸易路线和伙伴，以发展欧洲新生的资本主义。这一时期，欧洲人发现了许多当时不为他们所知的国家和地区，因此，该时期也被称为地理大发现时期。此后，全球陷入了瓜分世界大陆的战争中。20世纪中期，《联合国海洋法公约》生效，世界又掀起一场新的"海洋瓜分热潮"。人们国土的概念发生巨大的变化。海洋国土概念逐渐形成。

从世界海洋强国的发迹史来看，它们之所以能成为世界海洋强国，与其浓厚的海洋国土意识有很大关系。这些国家并不是仅仅认识到了海洋资源对他们国家的发展和强大有多么重要，也认识到海洋是他们成为世界强国乃至世界霸主的重要通道和桥梁。因此，海洋国土意识对一个海洋国家的生存和发展极为重要。养成良好的海洋国土意识首先应当明了什么是海洋国土。清晰完整的海洋国土概念是我国每一个公民应有的基本知识之一。

一　海洋国土定义

"海洋国土"是一个新名词，从字面来解读，它是由"海洋"和"国土"两个名词构成。它的出现是对"国土"概念的发展，对"国土"一词做了广义的解读。"国土"是国家主权与主权权利管辖内的地域空间，这些区域有固、液、气形态之分，在不同空间内国家管辖程度有所不同。"国土"有狭义和广义两种定义：狭义的国土是指主权国家管辖下的领土、领海和领空的政治地域概念；广义的国土除上述内容外，还包括毗连区、专属经济区和大陆架等。在我国1965年4月出版的第一版《辞海》中对"领土"一词的定义有狭义和广义两种释文。但到1979年版的《辞海》中就仅剩下广义的释文了。由此可知，在时代发展的潮流下，人们的国土概念也在与时俱进。与传统的陆上领土相对应，"海洋国土"作为一个新的名词出现，它可以简洁准确又形象鲜明地表述国家的新领土。

　　什么是海洋国土呢？一个清晰的海洋国土概念是提升公民海洋意识、维护国家海洋利益的先决条件。

　　要说海洋国土，就不得不提及《联合国海洋公约》，《联合国海洋公约》是一部影响21世纪世界格局的海洋法典。它对世界的影响是全方位的，包括政治、经济、军事、文化以及空间利用等。《联合国海洋公约》诞生于1982年12月，其诞生历时10年之久。包括序言在内，《联合国海洋公约》共17部分，共计320条，此外，还有9个附件，共计446条。不论历史角度还是法理角度，该部海洋大法都可以称得上是人类历史上最为全面、最为完整，也最有实践性的海洋法典。它内涵丰富，涵盖范围广泛，包括诸如领海、毗连区、专属经济区、大陆架、国际海底、公海、群岛制

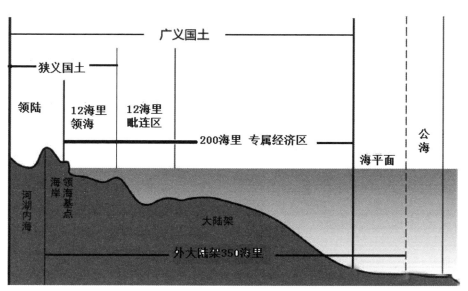

图2-1　国土划分及范围示意图

度、岛屿制度、海洋环境保护、海洋科学研究以及海洋争端解决的原则等一系列有关海洋的法律制度。

按照《联合国海洋公约》，世界海域被分为两大部分：国家管辖海域和国际管辖海域。从国际海洋法的角度来说，国家管辖海域部分就是海洋国土，按《联合国海洋公约》规定，国家管辖海域部分的划分和范围是：内海水、领海、毗连区、专属经济区和大陆架。

（1）内水（又称内海水）：《联合国海洋法公约》第八条将内水定义为："领海基线向陆地一面的海域构成国家内水的一部分。"内海水的范围包括一国的海港（港口）、海湾、海峡以及其他属于领海基线以内的海域。按此划分，内海水仅仅是有海域或者靠海国家才有的，对于内陆国如蒙古，则不存在内海水问题。

内海水的法律地位等同于陆上领土，国家具有绝对的主权权利。在此海域，国家具有绝对的排他性的不可侵犯性，如同公民对自己私人住宅的绝对主权，任何国外船舶或飞行器等不得"擅自进出"。由于国家对内海水拥有绝对的主权，因此其法律制度也完全由各自国家的国内立法规定。

1958年9月4日，我国颁布了《中华人民共和国关于领海的声明》，该声明第二条规定了我国内海范围，指出领海基线以内的海域，包括渤海湾、琼州海峡在内，都是我国的内海。1992年2月25日颁布的《中华人民共和国领海及毗连区法》第二条规定："中华人民共和国领海基线向陆地一侧的水域为中华人民共和国的内水。"我国海岸线漫长曲折，拥有许多海湾、海港、海峡、海岛以及河口，按照我国法律规定，我国的内海水包括被领海基线包罗在内的海湾、海峡、海港、河口等。在我国内海水内我国实施完全排他的管辖权，任何外国船舰和飞行器不经许可不得进入。

（2）领海：《联合国海洋法公约》第二条将领海定义为：沿海国陆地领土和内水以外邻接的、处于其主权之下的一带海域；对于群岛国而言，是指群岛水域以外邻接的、处于群岛国主权之下的一带海域。领海是国家领土的一部分，外国船舶在领海有"无害通过"（innocent passage）之权。而军事船舶在领海国许可下，也可以进行"过境通过"（transit passage）。

为了确定领海范围，沿海国家必须规定本国的领海基线、领海线。对于领海基线的划定，沿海国拥有选划的自主权，但是按照国际法规定，领海基线的走向与沿海线的走向不能相差甚远。目前为止，领海基线的选划方法有以下四种：

①正常基线法：也叫做低潮基线法，以退潮时海水退到离岸最远的那一条线即最低退潮线作为领海基线。这种领海基线的走向基本上是顺着海岸线但有一定距离的曲折。在海岸较为平直的情况下多采用此法。如澳大利亚、葡萄牙、丹麦等。

图2-2　我国某领海基点

②直线基线法：在岸上（多半在向外突出的地方）和在一些岛屿上（如遇群岛则在其外缘岛屿上）选定一系列基点，在这些基点之间连续的划出直线，使这些直线构成沿着海岸的一条折线，这一条折线就成为领海基线。因为这条折线是由一系列的直线组成，所以称之为直线基线。该方法多用于海岸线较为曲折，沿岸附近岛屿较多的情况下。如挪威、冰岛、印度尼西亚等。

③混合基线法：在海岸兼有平直和弯曲的情况下，可以混合采用低潮基线法和直线基线法。如芬兰、瑞典、意大利等。

④特定基线法：考虑某些区域内的特殊经济利益和特殊情况，确定特定基线可以不受海岸线自然地形的限制。

领海基线确立之后，领海线与领海基线之间的距离就等于领海宽度，目前划定领海线的方法主要有两种：

①共同正切线方法：如果领海基线采用直线基线法，则以每个基点为中心，用等于领海宽度的半径，向公海方面划出一系列半圆，然后划出每两个半圆之间的共同正切线。每一条这样的正切线，它平行于相应的各段直线基线，其距离等于领海宽度，这些正切线连在一起就形成领海线。

②交圆方法：如果领海基线采用正常基线法，则以基线上某些点为中心，用等于领海宽度的半径向公海方面划出一系列相应的半圆，使它们各交点之间的一系列相连的弧线形成领海线。圆弧中心点间的距离越小，领海线则越准确。

除了上述两种划定方法外，有时还采用平行法。海岸各点按领海宽度的距离向海岸线大致走向的平行方向上平行外移，使领海线与整个海岸的曲折情况相平行。

凡两国之间遇有领海交界的情况时，则需要两国协商达成协议，以利共同确定两国领海之间的界线。在这方面可能有各种不同的地理情况，并且可能需要顾及某种特殊的因素（经济上的、历史上的因素等），因此可能出现各种不同的界线。无论如何，两国在领海上的界线和在陆地上的界线一样，应该共同确定。

两国的海岸可能是岸对岸的，因而两国的领海大致是平行的；也可能两国的海岸是相毗连的，因而两国领海的侧面是相毗连的。

可是，如果双方基线之间的距离不够大，不足以包括双方领海宽度，则必须由双方协商共同划定一条界线。在这种情况之下，一般是从在双方领海基线之间的一条中央线作为分界线，这一条中央线上任何一点离每一方领海基线上最近点的距离应当是相等的，即划界采用"中间线"原则。因此，每一方的领海都不能超过这条中央线，而只能限于有关一方海域之一半。

如果两国的海岸是相毗连的，则应从海岸上陆地国界终点起划出两国领海之间的分界线。这一条线在正常情况下也应该满足类似上述的要求，即分界线上任何一点离每一方领海基线上最近点的距离应当是相等的。

上述各项办法是在不存在特殊情况时采用的。但是，如果有某种地理上的或者其他特殊情况，需要由双方协商而确定不同的办法，则另当别论。

根据《中华人民共和国关于领海的声明》以及《中华人民共和国领海及毗连区法》的相关规定：我国领海基线的划分采用直线基线法，从基线向外延伸12海里的水域为我国的领海，也就是说我国领海宽度为12海里，在我国领海内，我国享有全部主权。

（3）毗连区：《联合国海洋法公约》第三十三条将毗连区定义为：毗连其领海称为毗连区的区域。《联合国海洋法公约》规定，毗连区的宽度从测算领海宽度的基线算起，不超过24海里。在本区中，沿岸国可以对违反其海关、财政、移民、卫生等法律或规章的行为，采取必要的管制。

根据1992年2月25日颁布的《中华人民共和国领海及毗连区法》相关规定：我国毗连区是指领海以外邻接领海的一带海域，其宽度为12海里；

在毗连区内我国有权对违反有关安全、海关、行政、卫生或者出入境管理的法律、法规的行为采取必要的管制；对于在毗连区内违反我国法律、法规的外国船舶，我国军用船舶、军事器具或者我国授权的执行政府公务的船舶器具有权对该船舶行使紧迫权。

（4）专属经济区：《联合国海洋法公约》第五十五条规定专属经济区为：领海以外并邻接领海的一个区域。与领海和公海不同，专属经济区是受特定法律限制的一定宽度的海域。其宽度从领海基线起算，不应超过200海里（370.4千米）。这一概念原先发源于渔权争端，1945年之后随着海底石油开采逐渐盛行，引入专属经济区观念更显迫切。技术上，早在20世纪70年代，人类已可钻探4000米深的海床。专属经济区所属国家具有勘探、开发、使用、养护、管理海床和底土及其上覆水域自然资源的权利，对人工设施的建造使用、科研、环保等的权利。其他国家仍然享有航行和飞越的自由，以及与这些自由有关的其他符合国际法的用途（铺设海底电缆、管道等）。

根据1998年6月26日颁布的《中华人民共和国专属经济区和大陆架法》的相关规定，我国的专属经济区范围是从测算领海宽度的基线量起延伸至200海里。同时，该法还对我国在专属经济区内享有的权利等相关内容做出法律规定。

（5）大陆架：《联合国海洋法公约》第七十六条规定：沿海国的大陆架包括陆地领土的全部自然延伸，其范围扩展到大陆边缘的海底区域的海床和底土，如果从测算领海宽度的基线（领海基线）起，自然的大陆架宽度不足200海里，通常可扩展到200海里，或扩展至2500米水深处（二者取小）；如果自然的大陆架宽度超过200海里而不足350海里，则自然的大陆架与法律上的大陆架重合；自然的大陆架超过350海里，则法律的大陆架最多扩展到350海里。大陆架上的自然资源主权，归属沿海国所有，但在相邻和相对沿海国间，存有具体划界问题。

根据《中华人民共和国专属经济区和大陆架法》的相关规定，我国大陆架是指我国领海以外依托我国陆地领土的全部自然延伸，扩展到大陆边缘的海底区域的海床和底土，如果从测算领海宽度的基线量起至大陆边外缘不足200海里的则扩展至200海里。我国在此海域中享有的权利也一并有明文规定。

　　按照《联合国海洋法公约》规定，国家对领海可以行使主权，对领海内（包括海面、海面上空以及海底和底土）的一切人和物享有专属管辖权，所以领海属于国家领土的一部分，可以称之为国家海洋国土。按照《联合国海洋法公约》规定，全世界的海洋专属经济区共约有1.3亿平方千米，占全球海洋总面积的36%。这里蕴藏着已探明世界石油储量的87%，目前提供着世界渔业产量的95%以上，几乎涵盖了世界上所有的重要海域和重要的国际海上通道。沿海国在海洋专属经济区内的主权和利益相同于领海的主权和利益，只是程度上有所差别，而这种差别的幅度也不大，从一定意义上和很大程度上也应该看作是国家的海洋国土。沿海国对大陆架的海床和底土以及海床和底土中的矿物资源和非生物资源享有主权权利，大陆架中丰富的石油资源、矿物资源和非生物资源可由主权国家勘探和开采。所以，大陆架也存在着国家的主权和利益，也应该被看作国家的海洋国土。

　　海洋国土是广义的国土，又称为蓝色国土，是对一个沿海国家的内水、领海和管辖海域的形象统称。其中管辖海域又包括领海以外的毗连区、专属经济区、大陆架、历史性海域或传统海疆等。它说明了具有国土性质的海域和在海洋上的国土。

二　海洋国土引发的"蓝色圈地运动"

　　海洋，这片覆盖地球表面四分之三的"蓝色疆土"，她孕育着生命和色彩，她是我们探索生命起源、预测人类未来的最好平台，千万年来，她一直安静地看着世界的变化，做一个历史的见证者，然而近年来，人类的欲望打破了海洋的宁静，海洋再也"安静"不下来了：一场轰轰烈烈的"蓝色圈地运动"正在全球如火如荼地进行。

　　1. 争夺北极

　　北极地区拥有丰富的资源能源，据美国地质勘探局2008年预测，全球未开发的天然气约有30%埋在这些冰川下面，而原油储藏量则占13%。此外，

图2-3　北极争端

图例：
—— 认可边界
---- 等距线界
-·-· 200英里边界
▨ 俄称领土
■ 罗蒙诺索夫海岭

美国
加拿大
北冰洋
夏季冰覆盖面积(2005年)
罗蒙诺索夫海岭
北极
格林兰岛
挪威
俄罗斯
200英里界线
法兰士约瑟夫地群岛
有争议地区

北极地区还有富饶的林业资源以及镍、铅、锌、铜、钴、金、银、金刚石等矿产资源。据估计，北极地区煤炭储量高达1万亿吨，占全球煤炭储量1/4。

除了上述矿产资源外，北极渔业资源也相当丰富，这里是地球上尚未大规模商业捕捞的少数海域之一。此外，北极被厚厚的冰川覆盖，这里丰富的淡水资源对水资源日益匮乏的人类来说，价值更是不言而喻。

北极的海冰是全球气候系统的重要组成部分，其变化对该地区乃至更大范围的气候产生重要影响，而北极对全球气候的影响目前也正成为各国科学家研究的重要课题。

随着全球气候变暖以及北极冰川范围的逐渐缩减，北极潜藏的地缘战略价值也日益凸显。一旦北极冰川融化殆尽，到时在北极将出现连接大西洋和太平洋的海上航线。一旦北极航线开通，将形成一个囊括俄罗斯、北美、欧洲、东亚的环北极经济圈，这将深刻影响世界经济、贸易和地缘政治格局。

当北极吸引越来越多国家关注的时候，这片遍布冰川的地域注定将不再平静。在新一轮北极开发热到临之时，相关国家频频采取行动，试图抢占先机。

近些年来，美国、俄罗斯和加拿大等国相继强化各自在北极的军事存在，以争夺这一地区潜在的自然资源。一直以来，俄罗斯认为北极是北极国家的势力范围，反对将其变为"人类共同财产"。在这场抢占先机活动中，俄罗斯取得成功。2012年8月，俄罗斯宣布将在北极地区沿北方海路建立若干军港和边防站，以部署俄罗斯海军和边防局的军舰。此前，俄罗斯已宣布，将在2015年在北极部署一支多兵种部队，以保护俄罗斯在此地区的利益。2011年，俄罗斯国防部部长就曾说将部署两个北极作战旅。

俄罗斯并非首个宣称要在北极建立军事基地的国家，2012年年初，加拿大便宣布欲在康沃利斯岛设立本国的北极基地。另一些极地国家也打算加强自身在极地的军事存在。2009年，丹麦宣布成立北极地区军事司令部，以及能够在北极恶劣气候条件下作战的快速反应部队。2010年，挪威也将本国指挥部的大本营移到极圈中。此前，美国《国防》月刊也披露，一直驻扎在美国阿拉斯加的海岸防卫队，考虑在北极地区建立永久性基地。目前，美国与加拿大已经开始在北极定期展开军事演习。

除了上述北极地区国家外，包括韩国、日本在内的其他的国家也注意到了北极的重要性，积极参与到北极事务中。

2. 英阿马岛之争

马尔维纳斯群岛（简称马岛，英国称福克兰群岛），位于阿根廷南端以东的南大西洋水域，距阿根廷本土276海里，距英国本土7000海里。全境由索莱达（东福克兰）、大马尔维纳（西福克兰）两个主岛和200多个小岛组成，总面积12173平方千米。马岛资源丰富，泥煤是居民的主要燃料，岛上还含有铝、银等矿藏。其渔业资源也相当可观，据估计，附近海域蕴藏上亿吨磷虾，每年可供捕捞数百万吨鱼。马岛大陆架有丰富的石油、天然气和锰矿等，石油储量可达60亿桶。

1892年，马岛成为英国的正式殖民地，但阿根廷一贯反对英国占领该群岛。

图2-4 马岛战争的飞机残骸

阿根廷和英国就马岛的归属问题争议了一个半世纪。第二次世界大战之后又进行了持久的谈判，但双方各执己见，互不相让。1960年以来，联合国大会曾4次做出决议，要求双方通过谈判解决争端。20多年来，两国的谈判时断时续，但主权问题一直悬而未决。1982年2月，双方在纽约谈判破裂后，英阿双方关系日趋恶化，阿根廷为了维护民族尊严、国家主权及领土完整，彻底消除长期存在的殖民主义这一"毒瘤"，决定采取军事行动来结束英国殖民主义者对马岛的武力统治。1982年4月2日至6月14日，英阿争端演化成一场大规模军事冲突。以英国胜利、阿根廷失败而告终。

目前为止，马岛的实际控制权归英国所有，但阿根廷一直未放弃对马岛的主权宣誓。

3. 西沙之争

西沙群岛，我国南海四大群岛之一，由永乐群岛和宣德群岛组成，共有22个岛屿，7个沙洲，另有十几个暗礁岸滩。以永兴岛为中心，距三亚市榆林港约330多千米，距文昌市也是约330多千米。陆地总面积约为10万平方千米。

自古以来，西沙群岛一直属于我国领土，周边国家也对此没有异议。20世纪50年代中期，南越政府对我国提出领土要求，至1973年，南越军队已侵占了我国南沙、西沙群岛的6个岛屿，南越当局又非法宣布将南沙群岛的南威、太平等10多个岛屿划入其版图。

1974年1月11日，我国外交部发表严正声明，再次重申南沙、西沙、中沙、东沙群岛是我国领土的一部分，绝不容许任何侵犯我国领土主权的行为。但是南越当局不顾我国政府的严正警告，于1月15日至18日先后派军舰侵入西沙永乐群岛海域，并炮击飘扬着中国国旗的甘泉岛，强占金银、甘泉两岛。1月19日，中国人民解放军海军南海舰队所属部队与陆军、民兵协同，对于入侵我国西沙群岛的南越军队进行了自卫反击作战，维护了我国领土的神圣权利。

4. 冲之鸟礁事件

冲之鸟礁位于东京以南1700千米，属于东京都小笠原村，是一个东西宽约5千米、南北长1.7千米的珊瑚环礁。由于海水侵蚀，露出水面的岩礁逐年缩小，面临着随时被海水吞没的危险。日本保安厅于1987年9月对这个岛屿进行勘察时，发现退潮时北露岩仅高出水面1.5米，东露岩高出水面1.3米；而涨潮时，这两块岩礁露出水面的高度只有30~50厘米，面积不过几平方米，这两块礁石由于受海浪的长时间冲击以及海水的侵蚀，支撑它的石柱越来越细，随时都有被冲断的可能。

图 2-5　日本加固后的冲之鸟礁

　　由于担心失去冲之鸟礁，日本于1987年着手进行加固，并在该年11月底确定了加固施工计划。现今，日本已在冲之鸟礁四周筑成堤防设施，设置了气象观测装置并在冲之鸟礁设置灯塔，以明示日本对其海域的主权。其实，日本看中的并不是冲之鸟礁本身，而是周边广阔的海洋国土。按日本的意图，如果冲之鸟礁被看成海岛的话，日本就可以得到其周边200海里的专属经济区。

　　除上述海洋争端事件之外，海洋国家围绕海洋划界、海岛归属等的矛盾和摩擦不断，在陆地资源逐渐枯竭，海洋不断展现其影响力的情况下，这种纷争还将持续下去。

三　"蓝色圈地运动"背后的故事

　　19世纪之前，人类并不特别在意海洋的划分或者海岛的归属，由此可见"蓝色圈地运动"并不是一直就存在的。它是人类社会发展的产物，是近几个世纪才兴起的，是人类清晰地认识到海洋对人类自身的重要性之后才产生的。细细数来，"蓝色圈地运动"兴起的原因无外乎以下三点：

膨胀的人口让陆地不堪重负

　　相较地球的历史，人类历史极其短暂。大约在300多万年前，地球上才有了人类。自从有了人类，地球的演化就开始进入了一个全新的发展时期，人类开始用自己的智慧逐步影响着地球的演化。在人类最初时期，由于生产力水平低，抵御自然灾害能力和抵抗疾病能力都很弱，因此人类一直处于高出生、高死亡和人均年龄较低的阶段，人口增长率几乎为零，同时人类总数较低。据有关史料记载，19世纪初，地球总人口才10亿左右，虽说10亿的人口已不算少，但是这个数字也是人类经过数百万年的繁衍才得以实现的，由此可知，人类早期的人口是少得多么可怜。因此，陆地资源在人类社会早期是完全可以满足人类需求的。

19世纪后，工业革命的到来加速了人类文明史进程，社会生产力和科技水平取得明显的进步，人口的出生率不断增长，而死亡率却在逐步下降，同时人类平均寿命逐步延长，直接后果是人口的增长速度逐步加快，人口总数不断增长。联合国人口基金会1999年初公布的统计数字展示了全球人口增长的历程：1804年世界人口只有10亿，1927年增长到20亿，1960年达到30亿，1975年达到40亿，1987年上升到50亿，1999年10月12日，世界人口达到60亿。截至2005年6月，世界人口已达64.77亿。2011年10月31日凌晨前2分钟，作为全球第70亿名人口象征性成员的丹妮卡·卡马乔在菲律宾降生。

人口增长直接导致了人均资源占有率的降低，同时也导致资源消耗量的增长，尤其是人类生存不可或缺的资源。现今，淡水资源、土壤资源等都面临着严峻的考验，而一些不可再生资源也面临着枯竭的窘境。在人口急剧增长和陆地资源有限的双重压力下，人类开始将目光投向这片广阔的"蓝色陆地"。

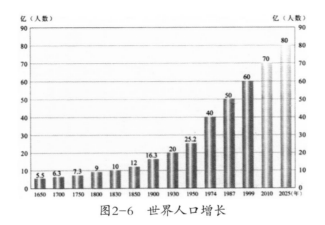

图2-6 世界人口增长

拥堵的空间将人类"挤向"海洋

现今，地球表面1.49亿平方千米的面积上生活着70多亿人口，这些人口在陆地上的分布极其不均匀，一半以上的人口集中在距离海岸线100千米的范围以内，而冰川、高山以及荒漠却罕有人迹。因为这些地方不可能方便地为人类提供生活所必需的基本资源。这样的人口分布格局导致了沿海一带生存空间的极度拥挤。

在人口增长的背景下，地球的生产力是怎样的呢？到底可供养多少人呢？生态学家根据人类年需要的能量和地球年产出的能量估算，地球大约可供养8000亿人口。看到此，也许读者乐观地认为，地球可以供养的人数远大于现今的总人口数，但是，专家们同时指出，该结果是根据地球全球植物的每年生产能量计算得出的。实际上，地球上植物不可能全部变成食物供人类利用，不少植物是人类根本无法利用的，有些还需要供养其他动物，能为人类享用的那部分能量只占植物总量的1%，因此，地球上最多能养活的人口仅仅是80亿。

图2-7　拥挤的空间

耕地是人类赖以生产粮食、棉花等生存必需品的主要生产场所。耕地面积的多寡决定了人类未来的发展。初期，人类认为耕地资源是无限的，但现在人们已经意识到耕地的有限性，并再为耕地资源的保有而积极奔走了。随着人口的急剧增长和经济的高速发展，人均耕地量已迅速减少，耕地绝对量也在不断减少，对人类来说，这就意味着人均粮食占有量的减少，这将严重威胁人类的粮食供应。同时，人类的发展已经进入城市化，城市化的后果是占用更多的耕地。耕地的占用不仅会导致粮食供应的困难，也会造成更加拥挤的生存空间。

人口的增长对土地空间的渴求也已经严重影响了地球生态平衡和其他物种的发展。树林面积缩减、物种数量减少、生物总数剧减等已成为人类亟待解决的问题。在地球拥挤的环境下，向海洋要土地、要生存空间是人类未来发展的必然。

国际法律新制度推波助澜

人类的私心打破了海洋的宁静，面对海上层出不穷的斗争形势，为建立国际海洋的新秩序，由150个国家和地区的代表参加的第三次海洋法国际会议，在联合国的主持下于1973年召开。经过十年之久的谈判，直到1982年4月3日才通过了《联合国海洋公约》。

理想和现实总会出现一定的偏颇，《联合国海洋公约》也是如此。它的出台并没有使海洋争端戛然而止，反而愈演愈烈，将斗争推向新的阶段。《联合国海洋公约》中肯定了专属经济区和大陆架划界制度，按此规定，有些国家的海洋国土面积扩大了几百万平方千米。因此，《联合国海洋公约》的出台，改变了传统世界大国的概念。如与我们一衣带水的日本，其陆地面积远低于我们，但是其海洋面积是我们的两倍多。同时，《联合国海洋公约》中也明确了海岛和岛礁的地位，按其规定，海岛和岛礁可以拥有自己的领海、毗连区，也可以拥有自己的专属经济区和大陆架。于是，人们开始关注以前不起眼的岛礁了，就像日本对冲之鸟礁的关注一样。就是凭借着这些小岛和海礁，许多国家将其海洋控制范围延伸到很远的海域。《联合国海洋公约》中也明文规定了公海和海底开采的相关制度，对于海上强国和内陆国而言，这些领域也是其潜在利用区之一，所以许多国家对此怀有浓厚的兴趣。

总而言之，《联合国海洋公约》的推出对海洋国土的争夺起到了推波助澜的作用。

图片来源：

[1] 图2-1 http://bbs1.people.com.cn/postDetail.do?id=2814636国土划分及范围示意图

[2] 图2-2 http://news.iqilu.com/china/gedi/2010/0208/179189.shtml我国某领海基点

[3] 图2-3 http://military.people.com.cn/GB/42967/8360438.html北极争端

[4] 图2-4 http://tupian.baike.com/2407/2.html?prd=zutu_thumbs马岛战争的飞机残骸

[5] 图2-5 http://tupian.baike.com/a0_81_09_20300000242726133562096750758_jpg.html日本加固后的冲之鸟礁

[6] 图2-6 http://sbzx.jdjy.cn/upload/sjrk/sjrkzz.htm世界人口增长

[7] 图2-7 http://www.dili360.com/拥挤的空间

第三章 >>
海洋国土观

人类对事物的认知不是一蹴而就的，也不是一劳永逸的。这种认知是不断积累和动态变化的。对海洋也是如此，由人类早期的"鱼盐之利，舟楫之便"到现今"海洋与人类的未来息息相关"的认识也是经历了数千年的漫长过程。

　　海洋是国家的门户，孙中山先生曾经说过"操之在我则存，操之在人则亡"。新中国成立之前我国有过百年的民族屈辱史，这段历史告诉我们：唇亡则齿寒，没有海权就没有安宁的国家环境，国家富强也就更无从谈起。海权的发展与海洋国土观发展是息息相关的，强大的海权要以浓厚的海洋国土观为支撑。

　　"以史为镜，可以知兴替"，了解海洋国土观的发展历程，一来可以更好地认识海洋国土的重要性，二来也能培养正确的海洋意识，为我国的海洋强国梦添砖加瓦！

一　世界海洋国土观发展史

　　人类认识海洋，经历过漫长的岁月。客观事物的存在，必然反映到人们的头脑中，使人们产生关于客观事物的认识。这种认识我们就可以称之为观念。人类在社会实践中接触到了海洋，必然会产生是什么、为什么等疑问，形成一定的海洋观念；这些观念的产生进一步促使人类产生做什么、怎么做等思考，进而采取尝试、探索、利用海洋的一系列活动。因此，海洋观念与海洋实践是交替促进的，实践中出现观念，观念又指导着实践。海洋国土观也是如此，它也是社会实践的产物，是人类近期才有的一种海洋观。

在人类漫长的历史过程中，认识、探索和征服海洋也是一个漫长的过程。人类对海洋的认知和实践，再认知和再实践的过程也是始终存在并不断前进的。

古时候，人类活动范围有限，对海洋的利用也仅仅局限于"鱼盐之利，舟楫之便"。直至15世纪，人类对海洋的认识还是处于粗浅和局部的状态，其主要原因是受制于人类社会发展的限制，这一时期人类社会的主流是原始社会、奴隶社会和封建社会；生产力的发展比较缓慢，商品的生产特别是交换的范围都很有限，使得海洋上的交往需求也比较有限，大规模的远洋航海以致开辟全球性的航路都缺乏社会经济的原动力，因而人类的海洋实践活动也是有限的，不论是亚洲人，抑或是欧洲人，海洋对之来说都是神秘的，人类不知道海洋的大小，也不知道海洋与陆地的联系，也不知道海陆的分布。面对一望无际的海洋，人类将其看成和阳光、空气一样，是无归属的"人类共有财产"，任何海域都是可以共同使用的，不被认为是国土的一部分。

15世纪至16世纪，资本主义已经得以快速发展。资本主义的发展是要以资本的积累为前提的，而资本的积累必须经过商品的生产和交换关系的发展来实施，这就促使了货币需求量的增加。作为主要的货币，黄金在欧洲人心目中具有至高无上的地位。但是，欧洲黄金产量的减少，以及东西方贸易逆差的产生，使得欧洲诸国普遍感到金、银的不足。为了摆脱资

图3-1　打鱼

图3-2　诱人的黄金

金不足，同时加快商品流通，扩大本国资本主义发展，欧洲列国开始将目光投向广阔的海洋，积极寻找新的富饶大陆。作为老牌资本主义大国，西班牙和葡萄牙开始以武力征服别国，并各自建立了殖民地，其活动范围扩展到除大洋洲以外的四大洲，这也标志着海上争夺的开始。1493年，教皇亚历山大六世颁布教谕：将全世界的海洋一分为二，分别划给葡萄牙和西班牙。1494年，西葡两国签订《托德西利亚斯条约》，条约对海洋进行了划分：以大西洋子午线作为海洋权利的分界线，以西归西班牙控制，以东归葡萄牙控制。麦哲伦环球航行发现太平洋之后，两国再次对海洋进行了划分，1529年，两国签署《萨拉戈萨条约》来瓜分太平洋。至此，世界海洋划分为两大部分，分别属于西班牙和葡萄牙。这就是发生于500多年前的，人类最早进行的海洋分割。此时，人类已经逐渐开始认识到海洋对国家发展的重要性，但是海洋国土观还没有形成。

人类社会进入17世纪之后，资本主义生产关系逐步产生和确立。伴随着资本主义生产关系的发展，社会经济文化和科技得到很大提升，同时，国际市场也逐步产生，这就催生了航海贸易业的发展。航海业的发展，直接导致了海洋争夺斗争的凸显，一方面，为了促进国际贸易的进行，海洋应该向所有国家开放，不得对海洋实施垄断；另一方面，海洋作为沿海国

图3-3　清朝火炮

的门户，关乎沿海国国家安全，因此，出于安全的目的，沿海国对其毗邻的一定范围海域拥有主权。

17世纪时，"国际法之父"、荷兰法学家胡果·格劳秀斯发表了《海洋自由论》，他从物权的角度对海洋的自由属性进行论证。他认为海洋本质上是不受任何国家主权控制的，是人类共有的。他的言论遭到西班牙、葡萄牙和英国的强烈反对。由于"海洋自由论"有利海上航行和贸易，代表了资本主义发展方向，因此，这一理论得到越来越多的国际法学家的支持。随着资本主义的进一步发展，某个国家独占海洋已经基本不可能，在此背景下，自由论主张也逐渐被世人所接受。自由论的被广泛认可为今后的"公海"制度奠定了理论基础。公海和领海的概念一经抛出，即被国际社会接受。但是对于领海的宽度，却一直众说纷纭，莫衷一是。有人提出以海岸线为起点至目所能及处为界，有的主张以大炮射程为界。荷兰学者指出，武器力量的终止之处，即陆地权利的终止之处，陆上国家的权利以火炮射程所及的范围为限。意大利学者根据当时火炮射程为3海里来确定其领海范围，这样海洋法上"3海里规则"开始出现，按此规则，开始第二次海洋分割。

第二次世界大战之后，战争的硝烟尚未散尽，全球还处在第二次世界大战带来的悲痛之中，在此之际，时任美国总统的杜鲁门发表了大陆架公告。该公告宣称"鉴于养护和慎重地利用其自然资源的紧迫性的关心，美国政府认为连接美国海岸、处于公海之下的大陆架底土和海床的自然资源归属于美国，并受其管辖和控制"。稍后，美国国务院又发表补充声明，指出大陆架为上覆水深600英尺（1英尺=0.3048米）的海床和底土。据此，美国大约获取了240万平方千米的海底资源。该公告具有里程碑式的意义，它首次将地质学中的大陆架概念引进了海洋法，该举动无疑为美国争取到了极大的海洋利益，但也招致了其他海洋国家的不满。它的发布，直接导致了新形势下的蓝色"圈地"运动，既然美国带了头，继美国之后，美洲和亚洲海洋国家相继发表公告，提出了200海里管辖权的主张。这也被看作第三次海洋分割。

随着经济文化和科技的发展，尤其是航海技术和国土安全意识的发展，沿海国海洋国土意识逐步强化，"海洋国土"一词也开始逐渐活跃起来。

二 我国海洋国土观发展史

我国第一个提出"海洋国土"完整概念内涵的，是被誉为中国"马汉"的原海军大连舰艇学院图书馆情报室正师职翻译郭振开。他认为，我国是一个濒临西太平洋的文明古国，很久以前我国先民的海洋活动就已经开始，并

图3-4 第一次鸦片战争

曾居亚洲和世界的领先地位。长期以来，由于威胁大多来自北方游牧民族和国家经济发展的大陆取向，加之后来明清王朝实行闭关锁国政策，导致民族海洋意识落后，演成了近代史上100多年国家、民族受制于人、受侮于人的历史悲剧。新中国成立以后，由于种种原因，海洋意识仍然很淡漠，与发达国家国民的海洋意识相比，反差甚大。

当代沿海国家的人们赖以生存和发展的空间，已经不仅仅局限于陆上国土，还有海洋国土，因此，在一个海、陆综合国土观的时代，我国的海洋国土意识到底如何淡薄呢？由《中国青年报》和《中国海洋石油报》联合主办、中国青年报社会调查中心承办的大型读者调查活动——"我国青年蓝色国土意识调查"29000余份问卷调查显示，被调查的青年虽然对海洋有浓厚的兴趣，海洋相关知识却得匮乏。此次调查中，仅有约1/3的调查者知道我国除了有960万平方千米的陆上国土外，还存约300万平方千米的海洋国土，其余大部分青年的国土意识还仅仅局限在960万平方千米的陆地国土上。由此可见，在海洋国土观上，我国处于落后状态。

在海洋时代即将来临的今天，海洋观念已经成为衡量一个民族素质的重要标志，强化海洋意识、更新海洋观念应该列为爱国主义教育和国防教

育的重要内容，更应该将其作为提高全民素质的大事来抓，这是摆在中华民族面前的一项刻不容缓的重要课题。

我国在海洋空间拥有巨大的战略利益。我国是一个海洋大国，拥有广袤的海洋国土，有18000多千米的大陆海岸线，14000多千米的海岛岸线。6500多个面积在500平方米以上的海岛，并对300万平方千米的海域享有主权权利和管辖权。随着我国经济的迅速发展和日益融入国际经济体系之中，国家经济利益正在向海洋拓展和延伸。海洋不仅事关我国经济的发展，还对我国安全有深远影响，例如，我国台湾地区不仅是大陆通向大洋的战略要冲，也对我国发展海洋经济、维护海上安全至关重要，因此，台湾问题不仅仅是国家领土问题，还关系着国家的未来发展。

21世纪是海洋的世纪，国家的未来离不开海洋，实施海洋开发战略是我国生存和发展的必由之路。增强海洋国土意识，维护海洋权益，合理开发和利用海洋，保护海洋环境，有效应对海上传统和非传统安全挑战，合理处置海洋国土纠纷，是新世纪新阶段国家发展的重要内容。

回顾人类社会文明史，我们会发现世界经济的演化变迁无不同海洋有着千丝万缕的联系。西方"海权论"学者马汉认为："所有国家兴衰，其决定因素在于是否控制了海洋。"马汉的观点其实揭示了海洋权问题的本质：那就是经济利益！纵观世界历史我们会发现，最早跨出国门走向大洋称霸世界的不是古老的我国，也不是恒河流域的印度，更不是英国、澳大利亚这样的海岛国家，而是欧洲的葡萄牙、西班牙、荷兰等小国。他们凭借强大的"海上舰队"、"无敌舰队"、"海上马车队"，在海上角逐称霸、扩张殖民地，暴发成为称雄一世的经济"大国"。接着是英、法、美、德、日、俄相继走向大洋，建立"海权"，从此跻身于世界经济强国之列。虽然这些国家先后都有不同的历史沉浮，但他们重视海洋战略的先见，使他们都先后走上了

图3-5　马汉（1840-1914年）

依靠"海洋致富"的道路。

吴纯光先生在他的《太平洋上的较量》一书中指出：15世纪，意大利的威尼斯、热那亚凭借众多舰船，开创了近代远洋贸易从而控制了地中海；16世纪，西班牙凭借无敌舰队控制了地中海，并将势力拓展到非洲和美洲；1588年，西班牙无敌舰队在英吉利海峡被英国打败，从此大西洋海权落入英国手掌；18世纪，英法展开海上争霸，最终法国舰队大败，从此大英帝国势力遍布五大洲，并以坚船利炮轰开了大门紧闭的我国；1887年7月，日本明治天皇得知日本海军缺乏经费后，从自己口袋里掏出30万日元捐给海军，天皇举动令日本众富豪感慨不已，纷纷捐款资助帝国海军。与此相反，1888年，我国的慈禧太后却挪用我国海军军费3000万两白银建造颐和园，结果1895年中日海军在黄海一战，亚洲最大的我国北洋舰队全军覆灭了。

纵观当今，仅冷战结束后的1991年至1995年的5年中，全世界爆发的局部战争和武装冲突的次数就达181起，其中80%与海洋有关。当我们环顾自己的国土，关注我国与周边国家的关系时我们会突然发现，我国与8个海上邻国有海洋争端，而在实际中由于种种原因，20世纪70年代以来，我国的海洋国土面积事实上仍在缩小。因为我们对属于我们的海洋国土，仅仅停留在"自古以来"的观念上，没能及时进行战略上的控制和事实上的开发。

其实，我国人民对海洋的认识原本并不落后：公元5世纪至16世纪，在开辟欧洲陆上丝绸之路的同时，实际上也开辟了太平洋通往印度洋、非洲和地中海的远洋航线，建立了海上丝绸之路。那时的世界，船行太平洋、印度洋几乎是我国远洋大海船的专利。特别是唐宋元明时期，我国大海船的航行能力和载重吨位，都是其他航海国家望尘莫及的。据史料载：早在汉

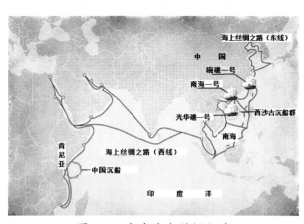

图3-6　古代海上丝绸之路

代以前，国人就在探索走向世界的海上通道，到南宋时，与我国通商的国家达50多个，后来又创造了早于西方人半个多世纪的郑和下西洋的壮举。在中世纪和文艺复兴时期，我国船只的数目之多几乎使西方人难以置信。公元1100年到1450年，我国海军无疑是世界上最强大的。只是进入16世纪后，由于没有"竞争"的对手，我国才忽视了海权的重要性。

作为最早开发利用海洋的国家之一，我国海洋观的发展历程如何呢？

中华民族有文字记载的历史有5000余年。公元前2000年，当腓尼基人驾驶桨船在地中海与周边城邦国家间进行贸易的时候，华夏民族已在进行"兴鱼盐之利，行舟楫之便"的海上活动了。据考古材料显示，在距今7000余年前的新石器时代早期，我国已经出现成熟的独木舟。轩辕黄帝时期，华夏民族已有"刳木为舟，剡木为楫"的行为，"这些独木舟型器首尾尖翘，首部有系缆孔，型线光滑流畅，操作性能和航行速度甚佳，而船桨则加工精美"。

在山东省胶州市发现的新石器时代大汶口文化遗址中，有大量海鱼骨骼和成堆的鱼鳞。经鉴定，它们分隶于鳓鱼、梭鱼、黑鲷和蓝点马鲛等3目4科。说明在4000～5000年以前，我国沿海先民已能猎取在大洋和近海之间洄游的中、上层鱼类，人们对海洋鱼类习性的认识已有一定的水平。

海盐的生产行为，可以作为我国古代利用海洋的另一有力证据。传说炎帝时期已经有煮海为盐的活动。在福建出土的殷商时期熬盐器皿也能证明，我国至少在3700多年前就已经利用海水来煮盐。

公元前11—前6世纪，周朝的《诗经》中多次出现"海"字，并有江河"朝宗于海"的认识。到公元前770—前476年春秋时期，濒海沿江的诸侯国已经能制造出各种规模的战船，大至船长30余米，宽4余米，可乘坐近百人。

公元前3世纪时的秦朝，秦始皇嬴政选集3000名童男童女和上百杂技役工，派徐福东渡日本求药。公元前140年，汉武帝7次巡海，借助星体导航，不仅开通了我国沿岸航线，还开辟了两条国际航线：一条从现广东省途经南海通向印度和斯里兰卡；另一条从现山东沿岸经黄海通向朝鲜和日本，也称"海上丝绸之路"。这个时期，我国的造船技术已赶上并超过西方各个文明古国，达到世界领先水平，形成我国古代造船技术发展史上第一个高峰。

三国时期，吴国拥有宏大的造船厂，能建造出船长20丈（合50多米）、船高2至3丈（合5~8米）、载货1万斛（约合600吨）、乘官兵600~700人的大船。据记载，该时期出现了我国第一篇潮汐专论——严峻的《潮水论》。

至隋朝，当时的造船技术足以在短时间内的莱州湾造出战船300艘供隋炀帝东征高丽国。

唐宋时代，在沿海地区以及海

图3-7　我国古船

中岛屿的居住人口大幅度增加，涉海民众成为开发海洋的群体力量，而海洋资源也成为人们重要的生存依赖。据统计，唐代山东沿海地区的人口已接近当地总人口的三分之一，其他地区的沿海人口也明显膨胀。这个时期的我国并没有闭关锁国，对外发展始终紧扣海洋情结，汉隋之间的各代王朝，都向大海伸出了探索的意向，随着唐王朝国力的强盛，我国人民对海洋的开发意念随之高涨。

唐朝的海洋活动展示出更多的活力，人们一步步靠近海洋、认识海洋、探索海洋、开发海洋，由此培养出华夏本土前所未有的海洋文明。唐人权德舆就感慨地说："四海梯航，声朔过前古甚远。"唐人向海洋进发时表现出了种种豪迈气度和舍我其谁的胆魄。在唐朝，可以载六七百人的内河船舶已很普遍，而海船更以高大和性能卓越著称于世。水密隔舱技术的使用、车轮船或轮桨船的发明等都是世界造船史上的突出创造。唐朝鉴真东渡日本是直接穿越东海的航海活动，失败五次之后第六次终于获得成功。在繁荣的经济和发达的海运条件下，唐朝海上的丝绸之路从亚洲延伸至东非坦桑尼亚的达累斯萨拉姆。

北宋王朝在海洋活动中取得了更大突破。宋朝是我国对世界文明历史做出重大贡献的时期，四大发明等都出现在这个时期。现代造船中普遍采用的放样原理、船坞修造技术和指南针的应用，都来源于此期间。在12世纪时，北宋航海者率先将指南针应用于航海，我国的航海文明得以从地文导航、天文导航的"原始航海"阶段迅速跨入了仪器导航的"定量航海"阶段。从此以后，罗盘针位变成指导海上航行的主要依据。这不仅是航海技术的升华，更是海洋开发的重大成果。宋朝在海外贸易方面同唐朝一样活跃，沿海各重要港口城市，如广州、明州（现宁波）、杭州等都设立了市舶司，主要输出丝绸和瓷器。宋朝的瓷器制品远销日本、南阳诸国等五十多个国家，甚至包括东非和地中海地区的国家。丧失了半壁江山的南宋王朝仍在通过海路向南扩展，建立起当时世界最大吞吐量的海港——泉州港，主宰着半个地球的海上贸易。宋人面对海洋，采用了讲究实际、强化基础、追求科学的态度，其海洋开发的成就又超越了唐人。

　　明代时，出现了我国现存最早的地区性海产动物志——屠本畯的《闽中海错疏》且航海活动更加令世人瞩目。1405—1433年，明朝郑和 7次下"西洋"，最远到达了赤道以南的非洲东海岸和马达加斯加岛，比哥伦布从欧洲到美洲的航行(1492—1504年)要早半个多世纪，而且在航海技术水平和对海洋的认识上，也远远超过当时的西方。据《明史》记载，郑和第一次下西洋时所率部众就有27000多人，船舶长44丈、宽18丈的就有62艘，规模之大，史所未有。可见，在古代的很长一段时间内，我国对海洋的认识和利用在世界上是居于前列的。但是，当时的明朝皇帝朱棣此举的主要目的是要宣扬国威，向外示富。每到一地，郑和一行人忙着向当地的国王大臣赠送礼物，赐各国国王诰命银印。执行"以德睦邻"，"厚往薄来"的"宣德化而柔远"的外交政策。同时，明朝实施严厉的"禁海令"，与国外通商是严令禁止的，因此，明朝没能像西方国家一样，通过海上贸易迅速发展起来。

　　清朝继承明朝的衣钵，也完

图3-8　郑和（1371-1433年）

全没有海洋意识和海权概念，继续闭关锁国，将海洋和海权拱手让人，造成有海无防或海防形同虚设的局面，为日后来自海上的外患埋下了祸根。1840年鸦片战争，英国就是靠着炮舰轰开了我国的大门。从此，来自海上的威胁不断：第二次鸦片战争、甲午战争、八国联军侵华等都是由海上来犯。欧美列强及日本在19世纪末美国战略家马汉出版的《海权论》的影响下，大力发展海军，疯狂地向海洋扩张。尤其是"明治维新"后的日本，深受马汉这本书影响与刺激。当时，日本舰艇上每一位舰长都配发一本《海权论》。日本军方从他的著作中得到许多理论的根据，他们亦步亦趋，付诸实施。因而，日本不久便成为远东地区实力最强的"海权国家"了。

清朝晚期，尽管有一批像魏源、林则徐、梁启超、严复等有眼光的仁

图3-9 李鸿章
（1823－1901年）

人志士主张学习西方，改革自强，"师夷长技以制夷"。在其影响下，清政府花巨资建立了一支当时实力并不亚于日本海军的"北洋水师"，并选派大批留学生到欧洲国家学习培训。但是，清政府腐败无能，创办的近代海军虽然拥有在远东居于较强地位的作战实力，但它缺乏战略理论，缺乏在战略理论指导下的战略战役指挥艺术，一言以蔽之，就是它缺乏海权思想。这样一支海军舰队，先败于东海，再败于黄海的悲剧命运，是难以避免的。我国的封建统治者们缺乏那个时代所必需的海权意识，没有为争夺海权而积极发展海军的意识。北洋大臣李鸿章在很大程度上将北洋水师作为自己在朝廷里争权夺利的工具。在甲午海战中当北洋水师正在激战时，其他舰队则作壁上观见死不救。结果在甲午海战中，"北洋水师"全军覆没。战败之后，李鸿章代表清政府签订了丧权辱国的《马关条约》，割让了台湾和澎湖列岛，赔款数亿两白银，使我国蒙受了百年屈辱。

新中国成立之后，我国海洋观依旧没有多大起色。由于历史原因，我国军队建设以陆军为主，对海空军建设相对重视不够，投入不足。由于

海军力量薄弱，在战场上也吃过苦头。朝鲜战争中，因为美军控制朝鲜附近海域的制海权，因此，在朝鲜第四场战役中，美军由仁川登陆，切断数十万进入朝鲜南部的志愿军后路，使志愿军陷入重围，遭受惨重损失。近年来，特别是在发生海湾战争、科索沃战争以来，我国军方受到启示，看到了高科技和海空军在战争中的重要作用。因此，逐渐加大了对海空军的投入。在加快自己研制步伐的同时，还从俄罗斯引进了一批先进的驱逐舰、潜艇、导弹、作战飞机等武器装备，使海空军的实力得以加强，缩小了同美、日等海上强国的差距。但是，同实际需要相比，这些还远远不够。大型巡洋舰、重型轰炸机等依旧是我国的软肋，更重要的是高层决策者应有海权概念、进取意识。

2005年7月11日，我国官方隆重纪念了郑和下西洋600周年，7月11日这一天也被国家确定为"航海日"。这一节日的确定，是我国国家战略从陆上走向海洋、从海洋大国到海洋强国的转折点。它提示国人要有海洋意识，国土的概念里同样包含300多万平方千米的蓝色海洋。虽然我们不能像日本民族一样对海洋国土如数家珍，对300多万平方千米的蓝色海洋国土、32000多千米海岸线、6500多个岛屿有一个精确的核算，但我们毕竟是在前进着，我们的海洋意识毕竟也是在不断增强着。

图 3-10　"蛟龙"号

2012年，我国"蛟龙"号深潜5000米，沿海经济区发展规划相继出台，大洋"寻宝"区域拓展，中菲黄岩岛争端，中日钓鱼岛事件，"瓦良格"航母下水海航……"海"的话题此起彼伏，我国人民对海洋的关注度也达到前所未有的高度，国家也开始通过各种途径加强海洋教育，同时，"十八"大明确提出建设海洋强国的发展目标，可见，我国海洋国土意识已经开始觉醒。

---➤

图片来源：

[1] 图3-1 http://www.uutuu.com/fotolog/photo/1732285/打鱼

[2] 图3-2 http://www.nipic.com/show/1/52/328e85775d835caf.html诱人的黄金

[3] 图3-3 http://www.chinareviewnews.com/doc/1007/6/8/8/100768873.html?coluid=6&kindid=26&docid=100768873清朝火炮

[4] 图3-4 http://www.hinews.cn/news/system/2011/02/24/012059313_02.shtml第一次鸦片战争

[5] 图3-5 http://tupian.baike.com/a3_74_18_01300000362281127737186136052_jpg.html马汉

[6] 图3-6 http://tupian.baike.com/a4_16_28_01300000449351200532821 99336_jpg.html?prd=so_tupian古代海上丝绸之路

[7] 图3-7 http://news.socang.com/2011/12/28/1007581119.html我国古船

[8] 图3-8 http://baike.soso.com/v66087.htm郑和

[9] 图3-9 http://tupian.baike.com/a0_56_35_01300000317899122830351850161_jpg.html李鸿章

[10] 图3-10 http://www.xiuyan.com.cn/thread-40665-1.html "蛟龙"号

第四章 >>
海洋对
我国的呼唤

对人类来讲，海洋与人类的生活息息相关。海洋提供丰富的食物、广阔的空间。广袤无垠的蓝色海洋中蕴含着丰富的生物、矿产、海洋能、空间和淡水等资源，它所能带来的价值是我们无法估量和计算的。自古以来，人类对海洋开发利用就极其投入，随着科学技术的发展进步以及陆上资源的日趋匮乏，开发利用海洋已成为今后世界发展的潮流，因此，人们将21世纪称为"海洋世纪"。

　　我国拥有960万平方千米的陆地国土，同时还拥有300多万平方千米的蔚蓝色国土。在这片辽阔的蓝色国土中，不仅蕴含着丰富的水产、石油和金属矿产资源等，而且，这片海域中还存在诸如台湾海峡、南海海域等在地缘战略中具有十分重要战略地位的海域。在海洋世纪的新时代，作为国家的门户——海洋，已经引起世界性的关注，对此，我们不得不感到深深的忧虑和思考。

　　在进军海洋的大潮中，虽然我国因地缘环境复杂和地缘政治等问题，海洋战略受到很大的制约和掣肘，但是正因如此，我国才应有更长远的海洋发展战略。在海洋占据举足轻重地位的今天，我国要牢牢把握自己应有的海洋占有权。黄色的陆地文明已经发展成熟，而蓝色的海洋文明还属于后起之秀。党的十八大明确指出，我国要建设海上强国。现今，蓝色的海洋正在呼唤着我们，中国龙的腾飞也将从海上开始。

一　举足轻重的海洋

自人类在地球出现的那一刻起，海洋便参与并影响了人类社会的文明进程。随着人类文明的发展，海洋对文明进程的影响程度也在随之加深。在人类文明的进程中，海洋对人类提供的不仅仅是"鱼盐之利，舟楫之便"的经济影响，海洋对人类的帮助远不只如此，它以丰富的资源、广袤的空间、独特的环境等影响着人类发展的进程。

早在1500年前，地米斯托克利就说过："谁控制了海洋，谁就控制了一切。"16世纪末的英国哲学家培根也有过类似的名言："谁控制海洋，谁就有极大的行动自由，对战争进退取舍，可以随心所欲。如果只有陆权，即使极为强盛，也会常受阻挠。"美国著名的海军理论家马汉的代表作《海权论》可以归结为一句话，那就是："谁控制了海洋，谁就控制了世界。"海洋的重要性不言而喻。

在人类早期，海洋作为一个庞大的水体存在于地球上。对人类而言，海洋是一个天然的屏障，它有效地保护了不同区域的文明可以独立自主的发展。这个庞大水体被人类当成神秘的存在，敬而远之。因此，在整个古代社会，最早出现的文明不是依托海洋的海洋文明，而是依托于河流的大河文明，他们所取得的成就，直接或间接地为后世文明奠定了基础。然而，河流自身的空间局限性决定了河流文明不会一直占据世界文明的主峰。海洋依托自身的优势，定将取而代之。这也是后期古希腊海上文明成为日后西方工业文明发展之源的根本原因。

时光荏苒，当历史跨入了近代之后，随着科学技术的进步，人类具有了驰骋江海的能力，海洋不再是屏障，而成了冒险乐园和交通工具。新大陆的发现和新航路的开辟，引发了工业革命、科学革命和资产阶级革命的浪潮，极大地促进了资本主义的发展，打破了古代世界各文化文明之间的均势，由此改变了世界历史的进程。在这一历史时期，海洋作为世界通

图4-1　西班牙无敌舰队

道，造就了第一任海上霸主——西班牙，西班牙凭借着无敌舰队控制了地中海海权，势力范围扩展到非洲和美洲。也正是海洋提供的便利，使得一个小小的英格兰岛国成为"日不落"帝国，其势力遍布全球。当今的世界霸主——美国，也是得益于其得天独厚的地理优势，使其远离两次世界大战的战火，终在20世纪的中叶登上世界霸主的宝座。

近代社会发展中，海洋更多的是以世界通道的身份来影响着人类文明进程，造就了东方从属西方的政治格局，并使整个世界呈现欧化。时至今日，海洋在决定世界经济的地理分布格局方面仍然具有非常关键的作用。当今世界上许多国家的工业、商业、文化、政治和经济中心近乎无一例外地集中在沿海的港口城市，同时全球大部分人口生活在距海岸线100千米以内的沿海地带范围内。造成这种局面的原因是同海上交通运输业在人类社会生产和贸易中所发挥的巨大作用是分不开的。

进入21世纪，人类已经拥有了值得骄傲的陆地文明成果。从欧亚大陆、南北美洲、非洲甚至荒芜人迹的极地，陆地文明都有迹可循。同样，21世纪不仅是一个值得骄傲的世纪，也是一个令人期待的世纪，人类在此时期将会取得同陆上文明一样灿烂的海洋文明。

人类社会发展到现在，在取得繁荣进步的同时，若干生存问题也逐渐暴露出来。对人类而言，"上天"、"入地"、"下海"成为摆脱危机、走出困境的三大出路，其中以海洋的潜力最大、也最容易实现。可以说，海洋对人类的未来发展至关重要。

　　海洋博大而深邃，海洋多产而富饶。21世纪是海洋世纪，在耕地面积减少、水资源供应严峻、能源需求增加而化石燃料供应不稳等窘状的共同推动下，海洋——这片人类未大规模开发的领域，给世界带来了曙光。可以毫不夸张地说，海洋是人类的希望，她承载着人类的未来。据科学考察证明，占地球表面积71%的海洋中不仅蕴藏着丰富的石油和天然气等能源资源，而且还有丰富的鱼类、海藻等生物资源，此外，海洋面积广阔，具有巨大的空间资源。另外，海洋中还蕴含着数量可观的可再生能源，包括波浪能、潮流能、温差能等。海洋中散布的海岛不仅为人类提供了生存空间，还为海洋国家的战略布局提供不可替代的重要作用。随着科学技术的发展进步，人类对海洋的认识和了解乃至应用也正逐步深入开展，人类生存和发展的空间也必将从陆地逐步走向海洋，辽阔的海洋将成为人类生存和发展的新空间。海洋角色的变化，随之引起的是世界角逐场地的变化，为了人类生存和发展，国家与国家间的竞争一直存在，海洋的重要性将国家间的竞争从黄色的陆地转向蓝色的海洋。

二　面向海洋的思考

　　千万年以来，中华民族世世代代生活在西太平洋大海岸上，曾经创造了光辉灿烂的古老文明。我国还创造了海上航行的多个壮举：早在一万年以前，中华民族的祖先就已越过白令海峡到达美洲大陆；五千年前，我国古民就曾航海到达了日本；明朝时期，郑和七下西洋壮举更是让他国望尘莫及……但是，以陆为本的河流文明已经成为我们民族的古训，在西方滨海国家的民众将海权看作同生命和血液一样重要的时候，诚实勤劳的中国人仍然把目光紧紧地盯在脚下的土地上。眼里就没有辽阔的大海，更不用谈广阔的大洋了。

　　长久以来，多数国人脑中的国土就是960万平方千米，其实不然：我国不仅有960万平方千米的陆地国土，而且我们还有300多万平方千米的蔚蓝色国土、漫长的海岸线和众多的海岛。在我国所拥有的这片辽阔的蓝色国土中，不仅蕴藏着丰富的水产，石油和稀有金属等海洋资源，而且，南海海域、南海诸岛、台湾海峡、台湾岛以及台湾附近的钓鱼岛在地缘战略中还具有十分重要的战略地位。在即将到来的海洋世纪，面对蔚蓝的海洋——祖国的重要门户，却由于它的特性引起了世界性的关注，对此我们不由得感到深深的忧虑和思考。

当今世界粮食现状不容乐观。近些年来，世界粮食生产发展步伐逐步放缓，粮食产量增长缓慢；粮食产量年度间波动逐步增大，粮食生产的结构性矛盾显现；粮食生产面临耕地、淡水资源制约日益严重，发展还有许多不确定因素。同时，一些国家开发利用粮食型生物质能源，进一步加剧了粮食供应不足的风险。

20世纪50年代，由于世界开展了一场"绿色革命"，农业科技进步推动了农业发展，粮食播种面积和单产都有所增加，因而当时世界粮食产量增长速度超过了粮食消费需求的增长速度，粮食需求基本得到满足。但是随着世界工业化、城市化的推进，人口消费以及社会需求的不断增加、生物质能发展对粮食的消耗，粮食供需矛盾加剧。

据联合国粮农组织数据，从20世纪60年代以来，世界粮食生产总体上呈发展态势，粮食产量在波动中逐年增加。但是，从20世纪90年代以来粮食生产变化情况看，60～70年代粮食生产的强劲发展态势明显减弱，世界粮食产量增长率趋缓，影响粮食供求平衡的潜在风险和因素明显增加。同时，主要粮食品种发展不均衡，玉米收获面积所占比重提高，稻谷、小麦收获面积所占比重下降。不仅如此，世界粮食增长减缓且结构矛盾凸显。根据联合国粮农组织数据，从粮食生产变化情况分析看，20世纪90年代末期以来，特别是21世纪初以来，世界粮食产量增长率与

世界粮食危机，有见识者，必然首先行动！

图4-2　粮食问题日益引起人们关注

图4-3　深水网箱军曹鱼养殖　　　　图4-4　我国"春晓"油
　　　　　　　　　　　　　　　　　　　田海上油气平台

20世纪相比，正在逐步减缓。同时，粮食结构性矛盾开始显现，这无疑给未来世界粮食供给带来更大压力。同时，粮食的产量跟不上人口的增长，环境的恶化又进一步加深粮食危机。人类的可持续发展受到严重威胁。

　　日益凸显的粮食危机正提醒着人们，如果没有及时有效的解决办法，人类很可能在不久的将来无法吃饱。在尽可能地增加粮食产量，收获面积，以及平衡粮食结构的同时，科学家们开始着眼于海洋，期待着从海洋中获取更多更优质的食物。

　　海洋面积广阔，生物资源丰富，据最新估计，在海洋中生活着超过200万种动植物，其中鱼类有2万种，它们绝大部分属于微生物。在我国海域中，目前已经记录到的海洋鱼类3023种，其中软骨鱼类237种，硬骨鱼类2786种，约占我国全部海洋生物种类的1/7。因此，种类繁多的海洋鱼类构成了我国海洋水产品的重要基础。海洋还有丰富的藻类资源，将海藻作为食品，我们并不陌生，人们比较熟悉的可食用海藻就有：海带、海裙菜和石花菜等。在人工养殖下，海藻的产量比自然状况下产量可提高数百倍乃至千倍。因此，以海洋总产量来计算，海洋可以比较轻易地满足人类对粮食的需求。

　　石油是一种重要的能源，可以说是现代经济的血液。它主要被用来作为燃油和汽油，也是许多化学工业产品如溶液、化肥、杀虫剂和塑料等的原料。石油又称为黑色的金子，也称为引发灾难的魔鬼。作为工业的"血液", 不仅是一种不可再生的商品, 更是国家生存和发展不可或缺的战略资源, 对保障国家经济和社会发展以及国防安全有着不可估量的作用。随着经济社会发展, 石油需求量逐年增加, 世界各国对石油的追逐力度也逐年增加, 发展需求的无限与供应能力的有限之间的矛盾日趋尖锐, 并逐渐成为制约许多国家可持续发展的战略性问题。鉴于此, 美国甚至不惜发动战争来确保其石油战略安全, 例如2003年发动的伊拉克战争。现今, 石油的主产地已经基本来自于海洋, 我国近海大陆架的石油, 曾引起世界地质专家和石油专家的关注。联合国亚洲近海地区矿产资源协调委员会首席代表埃里莫通过长期的深入研究多次发表报告指出, 我国的近海大陆架是"世界上石油远景最好而未经勘探的近海地区之一"。所以, 有人指出, 我国的近海大陆架有可能是石油储藏量丰富的"第二个波斯湾"。正因为如此, 我国海洋周边国家不断蚕食我国海洋国土, 妄图在海洋油气资源开采中分得一杯羹。

除了石油因素外, 周边海洋国家对我国海洋国土蚕食的原因还包括海洋资源的占有。随着陆地资源开发的殆尽, 海洋将成为人类下一个经济增长引擎。抢占海洋, 也就是抢占经济发展的动力源。因此, 周边海洋国家一直觊觎我国的海洋国土。同时,《联合国海洋公约》颁布后, 按照该法的规定, 沿海国可以占有一定面积的海域。按其划定的范围, 我国不仅失去了一些传统的作业和管辖海域, 甚至本属于我国管辖的海洋领土内, 也因与邻国存在着重叠区域, 一时难以解决。这就为海洋资源的享有和海洋国土的有效管理埋下祸根。我国四大海区中, 除渤海属于我国内海, 与他国没有争端之外, 其余三个海区都与邻国有不同程度的海洋纠纷, 尤其是中日东海纠纷。现在东海海域, 我国与日本围绕着划界和钓鱼岛归属问题, 闹得难解难分。日本倚仗着《美日安保条约》[①], 在东海划界问题和钓鱼岛问题上, 有恃无恐, 小动作不断, 对我国海洋主权发起一次次挑战。2012年, 日本颠倒黑白, 悖逆历史, 上演了"购岛闹剧", 企图将钓鱼岛"合法化"。日本政府的这种"右倾"姿态已经成为我国和平发展环境以及东亚稳定的最大威胁。

---

① 《日美安全保障条约》是由美国与日本于1960年1月19日在华盛顿签订的条约, 此条约宣示两国将会共同维持与发展武力以抵抗武装攻击, 同时也将日本领土内一国受到的攻击认定为对另一国的危害, 也包括美军驻日的条文。

海洋波涛汹涌，礁石林立，船舶航行于此，未免有一定风险，但是海洋也是平坦无阻的水上大道，将各大陆连通起来。古时，科技水平有限，海洋是人类不可逾越的天然障碍，随着人类社会的发展，海洋成了连接世界各地的天然水道，时至今日，海上航线如同蛛网般密布地球之上，为世界经济的发展做出了突出贡献。目前发达国家有90%以上的国际贸易和货物通过船舶运输，这是因为海上运输是人类所能了解并应用的各种运输方式中，唯一具有大运量、低能耗优势的运输产业，而且海上运输还能够带动造船和集装箱运输等其他产业的发展，更何况，海上通道不需要投入任何资本加以维修和养护。我国虽然属于资源大国，但是我国人口多，资源需求量较大，同时，高速增长的经济导致我国对外能源需求度极高，尤其是战略性能源，如石油。据有关统计显示，我国约一半的石油需求量依赖于进口，而50%的石油对外依赖度已经达到能源安全警戒线的水平。能源对外依赖度的增长导致我国经济的发展必然受到国际石油供应的影响，同时，国家安全也会受到外部因素的威胁和干扰。鉴于此，为了维护国家安全和经济发展，我国在制定国家发展战略的时候，除了要依靠先进的科技力量发展节能型产业和开发可再生能源外，我国海域内的石油资源以及进口所必经的海上交通要道的安全，也是我国经济发展和国家安全战略中必须十分重视的问题。我国近大陆架石油资源丰富，其中东海和南海都有十分丰富的油气田存在，而海上交通线是我国经济和社会发展的又一命脉所在，主要的海上航线都处在他国的控制之下，一旦战争爆发，随时有被封锁的危险，因此，我国海上通道安全不容乐观。

改革开放至今，我国政治、经济、文化、国防等事业取得了长足发展，科技创新成果层出不穷。但是，与发达国家相比，我国的科技创新能力依旧严重不足，作为新兴领域，我国海洋科技储备相较国家整体实力和未来海洋开发趋势而言尤其不足。当前，我国科技水平还停留在模仿学习阶段，主要科技产品基本通过国外引进渠道获得，自主知识产权、科技水平和科技创新能力不高。同时，我国海洋事业发展至今，虽然取得了显著成绩，但是由于发展晚、资金投入不足、政治因素影响等问题，导致目前为止，国家没有详尽而系统的海洋战略，反观日本、美国等海洋强国，他们的海洋战略清晰而明确，因此，在海洋开发能力上，我们还有很长的一段路要走。

图4-5　我国货运轮船

　　海洋科学技术是伴随着海洋开发和利用而兴起的学科，其中涉及海洋学、物理学、化学、生物学、地质学等，属于多学科交叉的边缘性很强的科学，因此，海洋科学技术水平的提高，不仅可以提高海洋开发利用能力，还能带动关联学科的发展水平，对我们而言，大力发展海洋科学技术是十分重要和有意义的。

　　另外，众所周知，在当今世界沿海国家的经济中，航海事业在国民经济发展中有着举足轻重的地位，世界上发达国家都把航海业作为支柱性产业。而我国，航海事业经过多年发展，在运输航海、渔业航海、科学考察航海、军事航海等各方面都取得了振奋人心、享誉全球的发展成就。在海运方面，至2003年，我国商船队总运力在世界各国船队中排名第四，集装箱船队总量居世界第五位。据调查显示，我国海岸线总长3200千米，其中深水海岸段有400多千米，可建10万吨级以上港口10多个，随着我国外向型经济的发展，这些天然条件必然成为我国发展对外贸易、外向型经济和航海事业的重要依据。

　　21世纪被誉为"海洋世纪"，在海洋大时代来临之际，面对席卷全球的海洋大发展浪潮，我们的海洋意识和海洋行动不能仅仅停留在喊口号上。虽然当下我国海区存在着复杂的地缘战略环境和复杂的地缘政治关系，使得我国在海洋发展和海权维护上不能够随心所欲地施展拳脚，但是时代前进的车轮不可逆转，我们不能因为存在困难就放慢或者停止发展我国的海洋事业。历史一再告诉我们，只有正确把握时代的脉搏，才能繁荣昌盛，否则只能落后挨打。因此，让我们顺应时代的潮流，再建辉煌的蓝色文明，让中国龙从海上腾飞！

三　蓝色崛起之路

　　海洋在呼唤我们，拿出莫大的信心和魄力进军，拓展我国的生存空间，实现中华民族的伟大复兴。但是，真正依托海洋，振兴海洋事务，发展海洋经济，培养全民族海洋意识，建成海洋强国，我们还有很多的路要走。路虽漫长，却是大势所趋。党的十八大明确提出：提高海洋资源开发能力，发展海洋经济，保护海洋生态环境，坚决维护国家海洋权益，建设海洋强国。

　　细数我国的历史，作为一个传统的农耕民族，其本性就是固守家园，因此，古老的中国在占据世界第一强国交椅上的时候没有去开拓海外疆土，才有了郑和七下西洋的和平之旅，而不是欧洲列强开启殖民血泪史的血腥之旅。同时，我国不仅不是和平的威胁者，反是历史的受害者，清代末期，西方殖民主义者用坚船利炮轰开了我们的国门，奴役我们近一个世纪。

　　树欲静而风不止。这种环境下，我们不能为了外界的流言蜚语而放弃了蓝色强国的进程。面对这些，我们只能以自信、昂扬的姿态面对质疑，让流言自行销声匿迹。2008年，在联合国的授权下，我国海军远征索马里，参与国际社会打击海盗的维和

图4-6　第二批护航编队"黄山"号导弹护卫舰

行动。在我国出兵维和之前，关于我国海军是否该出兵的争论在我国媒体和网上热议了一阵子，一些国内专家学者认为，我国不能出兵，我国军事力量不能过于彰显，以便引发"中国威胁论"的争议，对我国造成不良影响。与国内担忧形成鲜明对比的是，世界舆论对我国出兵索马里的举动多不在意。美国《纽约时报》援引新加坡专家的话表示"中国将是去保护自己的利益——仅仅是护航，而不是为了对该地区实行军队管治"。法国国际广播电台的报道还指出，与各国相比，我国针对海盗开展海上军事行动已是"严重滞后"。可见，"中国威胁论"仅仅是别有用心的大国用来遏制我国崛起的荒谬言论。

美国前国务卿奥尔布赖特就曾说过：一个国家拥有强大的军事力量，为什么不充分运用它。今天的我国秉承建设和谐世界的理念，在这一理念指导下，我国的战略目标非常有限：维护海外自身合法权益、自身安全及世界和平，不挑起或参与掠夺性战争。

历史证明，海权决定着国家兴衰。为了避免历史再次重演，今天的我国需要拿出郑和那种冒险的勇气和尚武的精神，来鼓舞我们这个日出而作、日入而息的农耕民族跨出黄土，追逐海洋的气息，像荷、英、美、日等海洋民族一样踏波逐浪、耕海牧洋。我国海军也应在其领海内展示力量，让我国的海军舰艇像坦克一样驰骋在蔚蓝的疆土上。

若实现我国的海洋强国梦，海洋意识是先决条件之一。长久以来，我国人民将目光仅仅停留在陆地上，我国的国家权益意识也只是"黄色国土意识"。随着时间推移，尤其是近年来，世界各海域"波涛汹涌"，各种状况层出不穷，此起彼伏。仅我国海域而言，东海问题、南海问题一直是我国海洋发展的制约因素，台海问题更是我国多年来挥之不去的阴影。鸦片战争时，欧洲列强从海上轰开了我国的国门，至此拉开了我国被奴役被剥削的近代史，虽然经过我国人民持久不懈的努力，我们取得了民族解放和国家独立，并经过半个多世纪的发展，取得了举世瞩目的成就，但是，海权的不足，还是为我国的健康发展埋下了隐患。

长久以来，陆地与海洋孰重孰轻的辩论一直存在，到底哪个更重要呢？英国雷莱爵士指出："谁控制了海洋，谁就控制了世界贸易。谁控制了世界贸易，谁就可以控制世界财富，最后也就控制了世界。"英国军事理论家和军事史学家富勒也说过："赢得海洋比赢得陆地更为有利。"以日本为例，日本是个岛国，很多日本人说"日本是海洋国家"，日本把海洋视为生命线。由于陆上原材料和能源极度匮乏，海洋对日本经济有着极高的价值。日本曾喊出"我们没有土地，没有资源，我们只有阳光、空气和海洋"的口号。日本教科书对日本周围的各个属岛如数家珍。日本将每年的7月20日法定为"国家海洋节"，这一天日本全国统一放假。日本还将渔民改称

图4-7　日本学生的水手校服

为"海民"，让国民重视海洋并培养国民的海洋文化意识。日本的海洋意识，包括海洋国土的扩张意识，从来都是非常之强烈的。它对自己主张的海洋边界异常清楚，在防务上一点也不含糊，根本不管是否存在争议，卫星、雷达、军舰、飞机的海上防务的严密和快速是日常化的，投入不计成本，完全是把海上疆域看作和陆地领土一样珍贵，甚至是有过之而无不及。例如，日本在《美日安保条约》的保护下，将第一岛链和第二岛链之间的大片海域当作自己的"内海"，积极扩张自己的海洋领土。日本人固执地将日本和我国分别视为"海洋国家"和"大陆国家"，对我国海军的任何海洋动态都异常关注。

　　海洋权益的争取和维护靠的是什么？无论世界形势怎么变化，军事力量都是保证国家各种权益的首要前提。我国的军事战略和力量以防卫陆地为主，海上力量较为薄弱，远程投送和持续打击能力不足，不拥有在世界范围内保护商业航线和海外利益的能力。就今天形势而言，我国的海军力量还是只处于近海防卫的状态，远洋和护航能力依旧不足，就此而言，现今的海军只是一支专门用来进行领海和本土防卫的海军，只不过是海上陆战队或陆地战壕在海上的延伸。我国海军要建设成为现代海军，就必须提高自身能力，具有远洋和护航能力。

　　美国前总统约翰·肯尼迪说："控制海洋意味着安全，控制海洋就意味着和平，控制海权就意味着胜利。"历史一再证明：一个不拥有海洋也

不能走向海洋的国家，是没有出路的。今日我国军队面临军事转型的新形势，我国要实现现代化，融入世界，走向海洋是必由之路。我国军队也要从内向型的陆军转化为外向型的海军，留在国民意识中根深蒂固的"黄色国防观"，也要逐步被以海洋、天空和太空为背景的"蓝色国防观"所取代。

历史已经告诉我们，并且还会继续告诉我们：在可以预见的未来世界，仍将是海权强国横行的世界，一个国家如果没有强大的海权，就难以捍卫自身的海洋权益和领土安全。我国一直奉行和平崛起，建设和平世界的理念，但是这并不意味着我国不发展海上军事力量，强大的中国只会给世界带来更多的和平。

除了培养浓厚的海洋意识以及建设强大的军事实力外，我国自20世纪90年代以来就把海洋资源开发作为国家发展战略的重要内容，把发展海洋经济作为振兴经济的一项重大措施，而且逐步加大了对海洋资源和环境的保护、海洋管理和海洋事业的投入。为了规范海洋的开发利用活动，保护海洋生态环境，《中华人民共和国海洋环境保护法》《中华人民共和国海上交通安全法》《中华人民共和国渔业法》《中华人民共和国海域使用管理法》《中华人民共和国海岛保护法》等一系列法律法规先后立法并予以实施。

近二十余年来，沿海地区经济快速发展，我国对海洋产业的投入力度逐年增加，为海洋经济的持续、稳定、快速发展奠定了基础。海水养殖业、海洋油气业、海水利用业、海洋制药业、滨海旅游业等海洋新兴产业发展迅速，有力地带动了海洋经济的发展。我国在海洋盐业、海洋渔业以及造船业等诸多行业已经取得世界领先的地位。

历史车轮滚滚向前，海洋时代已经来临，在蓝色海洋时代，我国应该顺应时代的潮流，大力发展国家海洋事业，有效维护国家海洋权益，全面实施海洋开发的大战略。让我们将更多的精力和心血放在海洋上，让海洋为我国的繁荣发展做出更多的贡献，让中华民族的伟大复兴在我们这一代人身上实现！

图片来源：

[1] 图4-1 http://www.godist.cn/wiki/%E6%97%A0%E6%95%8C%E8%88%B0%E9%98%9F 西班牙无敌舰队

[2] 图4-2 http://www.ccagr.net/index2.php?option=com_content&task=view&id=83&pop=1&page=0粮食问题日益引起人们关注

[3] 图4-3 http://news.40777.cn/info_449503.html. 深水网箱军曹鱼养殖

[4] 图4-4 http://www.cnwnews.com/html/soceity/cn_js/dljs/20080617/16464.html 我国"春晓"油田海上油气平台

[5] 图4-5 http://www.creditshow.org.cn/fangtanshow.aspx?id=255我国货运轮船

[6] 图4-6 http://www.qianyan001.com/retu/c/20111226/1324862186_57147400_2.html第二批护航编队"黄山"号导弹护卫舰

[7] 图4-7 http://tieba.baidu.com/p/1153489812日本学生的水手校服

第五章 >>
海洋国土地理

一 海岸——海陆的过渡带

海岸线

讲海岸之前，先来讲一下什么是海岸线。海岸线就是指海洋和陆地的交界线，一般是海潮高潮时所达到的边界线。海岸线一般分为大陆海岸线和岛屿海岸线，由于海洋和大陆一直处于不断变化且十分复杂的过程中，为了测绘统计方便，地图上的海岸线是人为规定的，一般为平均高潮线。

图5-1 我国海岸线示意图（蓝色部分）

我国北起鸭绿江口南至北仑河口，海岸线曲折漫长。20世纪50年代初，我国采用的大陆海岸线长度是1.2万千米，这个是20世纪40年代由当时国民政府组织测量并公布使用的。新中国成立之后，该数字经国务院核准并一直使用至20世纪70年代。为了准确掌握我国海岸线的总长度，1972年人民解放军总参谋部正式下达了统计我国大陆海岸线总长度的指示，经海军司令部航保部计算测量，确定大陆总海岸线长度为1.8万多千米。这个数字经国务院、中央军委批准以后，于1975年6月7日开始正式使用。但到20世纪80年代末期，我国又正式使用"1.84万千米"这个数字。而在20世纪90年代又恢复沿用了"1.8万多千米"这个数据。需要特别指出的是，以上数字只是大陆海岸线长度，并不包含海岛海岸线。至今为止，我国已统计出海岛6500余个，经过测量统计，海岛岸线总长约1.4万千米。现今，测量统计技术比较先进，数据具有精确性和可靠性保证。因此，我国已经正式公布大陆沿海岸线长度为1.8万多千米，岛屿岸线长度为1.4万多千米，两者合并总长度为3.2万多千米。

看到此，各位也许会产生如是的疑问：为什么海岸线的长度是约数呢？为什么多次测量会有不同结果呢？要解释这种现象，我们先从不同历史时期的测量手段谈起。翻开我国地图，可以看到我国海岸线曲折复杂，多岬角海湾，这就给测量统计工作造成很大的困难。20世纪40年代，我国的岸线测量是采用逐段丈量统计的方式，由此可见，当时的工作量是多么的巨大。由于测量统计方法的缺陷，误差自然不小。随着科技的发展，新的测量手段不断涌现，测量统计精度不断得以提高，至今已经采用航空测量的方式。航空测量的优点是工作量可以大幅减少，但是测量仪器的选取不同，仪器误差的不同也会产生相异的结果误差。

测量统计技术和测量仪器精度是海岸线测量值变动的影响因素，但是除此之外，海岸线长度的测量值与"海潮中线"的选取也有关系。通常，测量时采用的潮差中线是根据当时一段时间内最大潮和最小潮的平均值来确定的。而平均潮线是随着时间、地点随机变化的，它上升或下降一毫米，会导致几十千米至上百千米的误差，且测量长度越远误差越大。

再者，前文提及，海岸线的长度并不是一个固定值，它会随着时间的推移发生变化，这种变化有自然因素的作用，也有人为因素的影响。一般而言，海岸线的形态由两种因素决定：一种是海水运动（波浪、潮流等）对海岸线的冲刷侵蚀作用；另一种是河流搬运来的泥沙等物质和海水运动

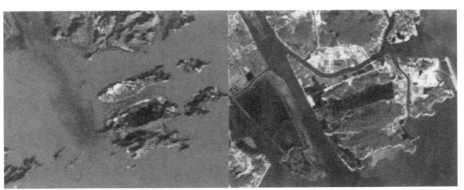

图5-2　澳门海岸变迁（左为20世纪70年代遥感影像，右为2007年遥感影像）

附带物的沉积营造作用。不管冲刷侵蚀作用还是沉积营造作用，都会改变海岸线的形状。对于冲刷侵蚀作用占据优势的地区，海岸线变化复杂，如果弯曲度增加，则海岸线长度增加；弯曲度减少，海岸线则缩减。对于沉积营造作用占据优势的地区，随着物质的沉积，海岸相应发生变化，自然其岸线也会发生改变。例如，我国黄河是目前世界上含泥沙量最多的一条大河，平均每立方米的河水含沙量约为37千克，它每年倾入大海的泥沙多达16亿吨。泥沙在入海处大量沉积，使黄河河口每年平均向大海伸长2～3千米，即每年新增加约50平方千米的新淤陆地。由于河水带来的泥沙沉积，使海岸线也不断地向海洋推进。

发展至今，人类对海岸线的影响作用越来越突出。海岸带地区是人类海洋活动中最为频繁和活跃的地区，海水养殖、围海造田、港口建设等都会对海域的海洋动力现状产生影响，继而影响海岸线的长度。以渤海海域为例，历史上，渤海海岸线基本处于向大陆退缩的趋势，20世纪三四十年代以来，渤海西岸、西北岸的高潮线普遍向陆地退缩，在某些地段，海岸线在20世纪中叶平均每年的后退幅度达到数十米。但是20世纪50年代之后，塘沽等地沿岸的泥质海岸却向大海推进了20千米。造成这种海岸线"大进大退"现象的原因，专家经分析认为既有20世纪二三十年代以来全球气温升高、导致海平面升高的影响，而更重要的是人类活动对海岸的破坏。

如果时间跨度较大，那么海岸线的变化还跟地壳运动相关联，以天津市为例，在地质年代第四纪中（距今100万年左右），这里曾发生过两次海水入侵，当两次海水退出时，最远的海岸线曾到达渤海湾中的庙岛群岛。但经过100万年的演化，现在的海岸线向陆地推进了数百千米。

我国海岸线曲折万里，而鸭绿江口则是它的东部起点。在此注入黄海的鸭绿江还是我国与朝鲜民主主义人民共和国的国际界河。鸭绿江，原为我国内河，位于吉林省、辽宁省东部，最下游为朝鲜内河。这条美丽的河流发源于我国吉林省和朝鲜交界的长白山主峰——白头山附近。鸭绿江干流全长近800千米，流经我国的吉林、辽宁两省和朝鲜的两江道、慈江道和平安北道。鸭绿江支流众多，其中位于我国境内的有浑江、蒲世河、瑷河等，位于朝鲜一侧的有长津江、慈城江等。鸭绿江下游为平原地带，这

图5-3 北仑河口国家自然保护区

里土壤肥沃，气候温和，农作物长势良好，有"东北小江南"之称。鸭绿江流入黄海，在入海口处，竖立着"江海分界线"的界标，标志着这是我国海岸线的起点。

我国海岸线自东向西经过八省两市后，最后到达北仑河口。北仑河，是我国和越南边境东段上的一条界河。该河发源于我国广西防城境内的十万大山中，向东南在我国东兴市和越南芒街之间流入北部湾，全长109千米，其中下游60千米构成我国和越南之间的边界线。北仑河是中越两国界河，沿河道中心所绘的国界线自东兴市西郊一直划到北仑河入海口，其东北面海域为我国北部湾，西南面为越属北部湾。这段河道最宽处三四百米，最窄处仅有三四十米。平均水深2米，最深5米左右，最浅不足1米。

海岸

所谓海岸，就是指濒临海洋的陆地部分，是指海岸线上边很狭窄的那部分陆地，它是海洋和陆地相互接触和相互作用的地带。总之，海岸是把海洋和陆地分开同时又把海洋和陆地连接起来的海陆之间最亮丽的一道风景线。海岸并不是一条固定不变的海洋与陆地分界线，而是在潮汐、波浪等因素作用下，每天都在变动的一个地带。广义海岸包括遭受波浪为主的海水动力作用的广阔范围，即从波浪所能作用到的深度（波浪基面），向陆延至暴风浪所能达到的地带。它的宽度可从几十米到几十千米，一般可分为上部地带，中部地带（潮间带）和下部地带三个部分。狭义海岸是指紧邻海滨，在海滨向陆一侧，包括海崖、上升阶地、海滨陆侧的低平地带、沙丘或稳定的植被地带。

海岸形成于遥远的地质时代，当地球形成，海洋出现之时，海岸也就随之诞生了。今天展现在我们面前的海岸，经历了漫长的变化才得以形成。变动的海岸历经沧桑之变，虽然海岸的变动并非仅仅发生在当代，但是我们可以通过海洋与陆地留下的古生物化石和侵蚀与堆积的痕迹，追寻古海岸的蛛丝马迹。沿着这些踪迹，我们可以准确地描绘古海岸的变迁史，在解读海岸变迁的同时，也可以准确地预测海岸的未来发展趋势。

海岸在发育过程中，除波浪作用外，其他如潮汐、海流、海水面的变动、地壳运动、地质构造、岩石性质、原始地形、入海河流以及生物等因素都具有一定的影响。因此，海岸类型是十分错综复杂的，到目前为止，还没有一个统一的公认的海岸类型划分系统，不少分类常是依据个别因素来进行的。海岸根据海岸动态可以分为堆积性海岸和侵蚀性海岸，根据地质构造可以分为上升海岸和下降海岸，根据海岸组成物质的性质，可分为基岩海岸、砂质海岸、平原海岸、红树林海岸和珊瑚礁海岸。为了避免详细而烦琐的分类，这里采用我国科学院海岸带研究所对海岸的分类方式：以成因为主，把我国海岸概括分为侵蚀为主的海岸、堆积为主的海岸、生物海岸和断层海岸四大类型。

风貌雄奇的侵蚀海岸

这种海岸主要分布于辽东半岛南端、山海关至葫芦岛一带、山东半岛、浙江和福建一带。这些海岸在形态上多属山地丘陵；在物质组成上，多以基岩为主，该海岸往往轮廓鲜明，线条强劲，气势磅礴，既有阳刚之

图5-4 风貌奇特增城海蚀洞

美，也有变幻无穷的神韵；在外力作用上明显地反映出以海浪侵蚀作用为主的特征。侵蚀性海岸多由花岗岩、玄武岩、石英岩、石灰石等各种不同的花岩组成。辽东半岛突出于渤海及黄海之间，该处海岸多由石英岩组成，辽东半岛南端，岬湾曲折，港阔水深，海蚀地形极为雄伟。旅顺口外的峭壁，老虎滩岸的结晶岩断崖，黑石礁上一丛丛的岩柱，构成了奇特的石芽海滩；小平岛一带的沉溺陆地，成为点缀于海面上的小岛与岩礁；沿岸硅质灰岩岩壁中的海蚀洞穴遍布，有些洞顶穿通像天窗一样，成为浪花飞溅的通道。而这里的堆积地形规模不大，只有一些狭窄的沙砾海滩，小型的砾石沙嘴和连岛沙坝。山海关东西两侧也分布有一些小型的侵蚀海岸，但由于长期接受附近入海河流泥沙的补给，渐渐使得海湾淤浅而成为平原，巨大的沙坝不仅围封了海湾，并且越过了岬角，使得岬角海蚀崖与海水隔开，因受不到海浪作用而成为崖坡缓倾、崖面长草的死海蚀崖，这里的港湾侵蚀地形，已发展为填平的砂质海岸。山东半岛跟辽东半岛稍有不同，因附近有一些多沙性的中小型河流入海，花岗岩与火山岩的丘陵地区风化壳也较厚，所以这里虽然发育有较典型的以侵蚀为主的海蚀岬角，如险峻的成山头，黑岩峥嵘的马山崖，南岸的峡谷状海湾，崂山头的峭壁悬崖和雄伟奇特的青岛石老人海滩等，但也有一定规模的沙嘴、沙坝和陆连岛等堆积地形存在。浙江、福建海岸多为火山岩组成，其特点是大小港湾相连，岛屿星罗棋布，岸线极为曲折。全国6500多个岛屿中有9/10集中于浙、闽、粤三省；而浙江沿岸的岛屿又为全国之冠，有1800多个，几乎占全国岛屿总数的2/7。浙、闽两省还有一些大型而狭长的海湾，它们深入陆地，但没有河流淡水注入或河流很小，与纳潮量相比，下泄淡水量显得微不足道，湾内主要是潮流。这种以潮流活动为主的港湾海岸也称潮汐汊道，是海浪潮流长期侵蚀作用的产物，浙江的乐清湾、福建的湄州湾、平海湾以及广东的汕头湾等都属于这一类海湾。闽南、广东、海南的侵蚀性海岸多为花岗岩和玄武岩组成。以侵蚀为主的海岸湾多水深，具有较多的优良港口，大连港、秦皇岛港、青岛港等都是利用天然港湾建立起来的良港。

地势平坦的堆积海岸

这种海岸在我国长约 2 000 多千米，主要分布于渤海西岸、江苏沿海以及一些大河三角洲。这类海岸的特点是海岸线比较平直，缺乏良港和岛屿，沿海海水很浅，有很多沙滩，如江苏沿海就有五条沙、大沙、黄子沙、勿南沙等沙滩，所以不利于海上交通。堆积作用为主的海岸其浅海和海滨平原都是由细粒泥沙组成，平均粒径只有0.01~0.001毫米，坡度极小。该海岸的形成与泥沙有密切关系，泥沙是其生命源。当海岸带有大量泥沙供给时，海岸线就迅速淤长；而河流泥沙供给中断时，因平原海岸质地软的淤泥粉沙受海水浸泡后极易破坏，

图5-5　风景秀丽的黄河三角洲

又使海岸崩塌后退，所以岸线很不稳定。堆积海岸的巨量泥沙主要是河流供给的，我国著名的多沙河流——黄河流经黄土高原，冲刷、搬运了大量黄土物质，在下游堆积形成了辽阔的华北平原，同时，每年有十几亿吨的黄土物质输入渤海。渤海西岸有了如此丰富的泥沙补给，使淤泥浅滩不停地淤高增宽。加之黄河曾多次改道，数次夺淮河河道注入黄海，所以，江苏沿海也堆积了很宽的淤泥浅滩。但自1855年黄河北归又注入渤海以后，苏北北部海岸泥沙供给减少，海岸开始受到冲刷，岸线不断后退。

　　我国的大河多是自西向东流入大海的，在入海处泥沙堆积成三角洲平原。河口三角洲也是一种堆积海岸，它是河流的沉积作用和海水动力的破坏作用相互斗争最激烈的地段。在流域供沙丰富的条件下，海水的作用只能把部分泥沙搬运出三角洲海滨的范围之外，大部分物质由于在淡、盐水交界带——盐水楔处特别容易产生絮凝作用，因此在三角洲前缘沉积，从而形成岸线向海突出的三角洲，如黄河、滦河、韩江等三角洲就是这类三角洲的代表。当河流入海水道改变，引起来沙不足或者完全切断了泥沙来源时，海水的破坏作用在三角洲海岸的形成过程中就成为矛盾的主要方面。波浪的破坏，水流的搬运，使海岸受蚀后退。如长江口在崇明岛与启东之间的北支水道，近几十年来大量淤积，使得流出河口的沙量显著降低，因而江苏启东嘴从三甲到寅阳一带的海岸受蚀后退。又如黄河1954年改走神仙沟后，原来过水的宋春荣沟到广北堡的一段海岸每年以100~120

米的速度向后退却。此外，如果河流的输沙量小，径流量大，而两者又相差悬殊的话，再加上潮流和波浪的冲刷，便会形成喇叭口形的三角湾岸，这以钱塘江口最为典型。长江的径流量虽然比黄河大20倍，但输沙量却比黄河小得多，这就是为什么长江口形成三角湾岸，而黄河却形成三角洲岸的缘故。又由于长江输沙量从绝对程度上说仍比较大，所以长江口的三角湾不如钱塘江口的杭州湾那么典型。广东的珠江口成为三角湾，而韩江口却成为三角洲，也是同一道理。

漫步在海边，有的海岸堆积着大量碎玉般石块，这些石块被称为鹅卵石。这种海岸也属于堆积型海岸。鹅卵石大小不一，形状也不尽相同，以浑圆状、椭圆状、长椭圆状为主。它们色彩缤纷，红、黄、灰、黑、白、灰白、黄红相间的应有尽有，许多游客流连其间俯身寻觅，各取所爱。卵石堆积海岸在我国分布较广，多在靠山地的海区，辽东半岛、山东半岛、两广和海南都有此种海岸分布，例如，色彩斑斓的鹅卵石已成为山东长岛县月牙湾一道著名的旅游风景。这些鹅卵石主要来自两个方面：山洪暴发形成的河流所挟带的石块和岸边岩石侵蚀、崩塌下来的碎石。这些岩石在波浪和潮流作用下，棱角逐渐被磨平，形成鹅卵石。

风光秀美的生物海岸

欣赏海洋纪录片的时候，我们总是可以看到这么一幅场景：蔚蓝的海面下，盛开着色彩斑斓的"石花"，这些"花儿"随着海流左右摇摆，形态飘逸美丽；艳丽的鱼儿在其间来回穿梭，上下漫游。这幅美丽的画卷不仅是大自然的魅力所在，也是生命的赞礼。这种海洋里的"花儿"学名为珊瑚，是一种较高级的腔肠动物，是生长在海洋中不能

图5-6 美丽的珊瑚礁

够移动的动物。珊瑚对生长地有严格的要求，最适宜生长的海水温度为25℃~29℃。它对水质的要求极其严格，对于不洁净的海水难以忍受，属于"洁身自好"的楷模。它虽然生活在海洋中，既不嗜盐如命，也不喜欢清淡的海水，最适宜珊瑚生活的海水盐度为27‰~35‰。珊瑚生活在不超过40~60米水深的地方，在此深度之内，它们才可以获取新鲜而充足的氧气。鉴于如此严格的生活条件，珊瑚一般只生活在具备以上所需条件的热带、亚热带海区，以及具有暖流流经的温带海区。珊瑚生长界线，主要在赤道两侧。珊瑚虫死亡之后，其骨骼和一些贝壳及石灰质藻类胶结在一起，形成大块具有孔隙的石灰质岩体，像礁石一样坚硬，因此称为珊瑚礁。浅水地区形成的珊瑚礁，构成了美丽的珊瑚礁海岸。我国珊瑚礁的分布基本上在北回归线以南，大致从台湾海峡南部开始，一直分布到南海。作为我国珊瑚礁北界的澎湖列岛的64个岛屿中，差不多每个岛屿都有裙礁（岸礁）或堡礁发育。偶然侵袭的冷空气使气温降低到16℃以下，会使珊瑚受到强烈的摧残。这里的珊瑚礁平台一般狭窄，但也有宽到1千米以上的。裙礁在海南岛分布较广，雷州半岛上从水尾到灯楼角也相连成片。经放射性碳测定，雷州半岛原生礁的形成年代为7120±170年。雷州半岛的珊瑚礁平台宽约500米，文昌最宽可达2 000米，平台表面崎岖不平，有许多巨大的珊瑚群体组成圆桌状突起，并有很多浪蚀沟槽和蜂窝状孔穴。沟槽和海岸垂直，深有几厘米到几十厘米，边缘处甚至可达2~3米，从而使礁平台边缘呈锯齿状分布。海南省大部分海岸的珊瑚礁属于侵蚀型，尤以岬角突出、海岸暴露的地方所受侵蚀最强。这种类型的岸段的水下斜坡大于15°，斜坡上有许多直径达1~2米的礁块，坡脚下分布着莹白的珊瑚碎屑和珊瑚沙，在强潮作用下，有些礁块被抛上礁平台，所以平台上散布着许多礁砾。侵蚀型珊瑚礁的广泛分布，是由于近代气候变化、气温有所下降所致。此外，我国台湾的东、南海岸和附近的火烧岛、兰屿等地也有裙礁发育。广东和福建南部沿海有局部岸段也有珊瑚生成，但因有大量淡水和泥沙输出，不利于珊瑚礁的发育。水域辽阔的南海中星布有190多个岛、屿、滩、礁，分为4个群岛（东沙、西沙、中沙、南沙）和一个黄岩岛。这些岛屿大多是环礁类型。在南海盆地中出露海面的珊瑚岛上，碧海蓝天，白沙如玉，棕榈丛生，椰林入云，自古是我国劳动人民的捕鱼基地，岛上还盛产鸟粪层，尤以永兴鸟蕴藏最丰。

红树林是热带、亚热带特有的盐生木本植物群丛。生长在潮间带的泥滩上，高潮时树冠漂荡在水面上，翁郁浓绿，葱茏宜人。红树植物有10余种，有灌木也有乔木。统称为红树是因其树皮及木材呈现红褐色。红树的叶子并不是红色的，而是和多数树木一样，呈绿色。枝繁叶茂的红树林在海岸形成了一道绿色的屏障，起到抗风放浪作用，可以很好地保持水土。

红树具有高渗透压的生理特征，由于渗透压高，红树可以在沼泽性盐渍地中吸取水分及养料，这是红树可以在潮滩盐土中扎根的重要条件，也是潮滩上少有其他植物立足的原因。红树根系较多，这些根扎入泥沼中，使得红树林经得住狂风大浪的洗礼。

我国红树林主要分布在南方沿海地区，从海南岛一直到福建的福鼎，因受热量和雨量的影响，组成树种自南往北渐趋单纯，植株高度递减，树木类型从乔木逐渐变为灌木群丛。我国的红树林比赤道附近的红树林简单得多。如马来西亚有43种，而海南岛东海岸文昌一带红树植物仅有18种，树高可达12～13米。我国台湾地区和福建就只有6种，在泉州湾，最高的只有2.2米。红树植物种属中，只有秋茄可分布到北纬27°20′左右的沙埕港中，而白骨壤只分布到北纬25°31′，桐花树可分布到北纬25°17′。红树以淤泥滩发育最好，在海南岛和雷州半岛，有些接受冲刷而来的玄武岩风化壳细物质的海湾和潟湖，是红树林最繁茂的场所。这是因为淤泥物质具有丰富的有机物，有利于种子的萌发，而海湾条件没有强浪的侵袭，有利于红树植物生长的缘故。

陡峭伟岸的断层海岸

这是一种坚硬岩石构成的海岸带，是地壳构造运动使海岸带的地表岩层发生巨大断裂时形成的。沿大断裂面上升的地块，常常表现为悬崖峭壁，而滑落下去的地块，成为深渊峡谷。我国的断层海岸，最为典型的是台湾地区东部的海岸。在那里，沿着台湾山脉的东部发生巨大的断裂，悬崖高耸入云，崖壁陡峭光滑极难攀登，崖下是一条狭窄的白色沙滩，紧临着陡深的太平洋底。由于断层紧逼海岸，海浪侵蚀剧烈，因此形成一条峻峭如墙的海崖。沿着悬崖有一些河流直接倾泻入海，形成海岸瀑布。海崖从东南岸开始一直向北伸延，在花莲溪入海口以北到苏澳南边的一段，形势最为险峻。有些崖壁的高度达到千米以上。著名的苏澳—花莲公路在崖上盘旋而过，太平洋的浪涛日夜不息地在岸下冲击，显得十分壮观。苏澳北边是宜兰浊水溪的三角洲，它是台湾东部仅有的一片肥沃平原和谷仓。南端的鹅銮鼻岬是中央山脉的尾闾，南隔巴士海峡和菲

图5-7　台湾东部——清水断崖

律宾的吕宋岛相望，岬上设有远东著名的灯塔，照耀数十里，是太平洋上夜航的重要指标。

　　我国的海岸具体来说，无论南北，既有下沉的标志，也有上升的特征。但从整体来看，我国下沉海岸地形远比上升的现象来得显著。从堆积海岸的冲积物厚度来看，天津地区冲积物厚达861米以上，上海地区冲积物几乎也有300米，这说明这里的海岸是明显地下沉的，因为只有大陆不断下沉，才能使河流的冲积物堆积得那么厚。关于侵蚀海岸，我们也常常可以看到过去的海底或海滨沙滩，现在却高出海面以上二三十米，成为显著的台地。如山东的荣成市一带就有20～40米的台地。杭州附近也有这类台地。南面到福建的漳州、厦门一带，海拔20米左右的海滨台地是很多的。广东的雷州半岛从前大部分都是海底，现在则已高出于海平面30米，成为广大的台地。这些地形特征都表明我国的这部分海岸具有上升的现象。但据地质和地理学家的研究，在第四纪冰川时期台湾和海南岛都曾与大陆相连，后来由于海水上升或地壳下沉，才被孤立成为海岛。此外，在我国南北部的河流下游，都有被海水淹没而成为漏斗状被称为溺谷或三角港的广阔港湾。钱塘江下游的三角港面积尤广，宛如海湾，所以在地理学上被称为杭州湾。珠江入海地区的虎门、磨刀门和崖门，也都成为宽阔的三角港。长江下游也略具三角港的形状，只因港口有较大的崇明岛出露，所以三

角港的形状不很显著。即使在杭州湾以北，山东半岛和辽东半岛的海岸同样是港湾曲折，岛屿罗列，充分表现出下沉海岸的特色，地形形态与浙江、福建的海岸没有什么差别。旅顺、大连和青岛的港湾与浙江的象山港或三门湾、福建的三都澳或厦门湾，地形几乎完全相似；就是辽宁葫芦岛一带的海岸，山岭与海相接，港湾深曲，也显现出下沉的基岩海岸地形的特征。辽东半岛和山东半岛沿海也有许多溺谷，如辽东半岛的大洋河和碧流河，山东半岛的乳山河等。这些都反映出我国海岸在近期其总趋势是下沉的。

二 海岛——大海的明珠

打开世界地图，我们会看到蔚蓝色的海洋上面密布着大大小小的海岛。有位老航海家曾经说过："海洋里的岛屿，像天上的行星，谁也数不清。"这句话形象地描绘了世界海岛之多，到目前为止，全世界海洋中岛屿究竟有多少，也没有准确的数字。有人说有20万左右，也有人说10万之多，但是哪一种说法更为确切呢？这还要看统计者是怎么界定海岛的。

在海洋里，有些地方在水面上露出一块几平方米的礁石，有些地方的岛礁像一串串珍珠，散布在海面上，潮水涨时，被海水淹没，潮水退下时，便露出。这些礁石算不算海岛呢？世界各国关于海岛的定义并不统一，有的把10平方米以上，或100平方米以上的礁石就算作海岛；有的把500平方米，甚至1平方千米以上的礁石才算做海岛。海岛的地学定义是海洋中四面环水并在高潮时露出海面自然形成的陆地；我国于2001年实施的《海洋学术语海洋地质学》中规定："海岛是散布于海洋中面积不小于500平方米的小块陆地。"2010年实施的《中华人民共和国海岛保护法》中关于海岛概念的法律解释与《联合国海洋法公约》之规定基本一致，即"海岛，是指四面环海水并在高潮时高于水面的自然形成的陆地区域，包括有居民海岛和无居民海岛"。

根据国际海洋法规定，我国拥有海洋面积300万平方千米，岛屿资源丰富（表5.1），总面积约8万平方千米，约占全国陆地面积的8%，岛屿岸线长约1.4万千米，是我国海洋开发的主要依据。随着科学技术的发展和我国对海岛的深入调查，海岛数量越来越精确，20世纪70年代以前认为我国有大小岛屿5000多个；20世纪80年代以张海峰为首的研究组在我国海洋经济研究中通过调查认为我国有大小岛屿6359个；20世纪90年代中期，国家海洋信息中心在全国海岛资源综合调查的基础上统计得出，面积在500平方米以上的岛屿有7371个（包括我国台湾地区的224个海岛)，横跨38个维度（4°N~42°N），地处热带、亚热带、温带三个气候带，面积最大的海岛是台湾岛，面积35760平方千米，海岸线长1217千米；海南岛是第二大岛，面积33907平方千米，海岸线长1528千米；崇明岛是第三大岛，面积1083平方千米，海岸线长210千米。

在我国众多的岛屿中，大多数为无人岛，有常住居民的岛屿460多个，人口近4000万。众海岛中，台湾岛和海南岛已成省，香港、澳门的海岛已成两个特别行政区。海岛县是把分散的海岛按一定的行政单元组成一个

话说中国海洋国土

78

表5.1　我国海岛在沿海省（市、区）的分布

沿海地区	海岛数量/人	有人居住	岛屿陆域面积/平方千米	岸线长/千米
辽宁	265	31	191.54	686.70
河北	132	2	8.43	199.09
天津	1	0	0.015	0.56
山东	326	35	136.31	686.23
江苏	17	6	36.46	67.76
上海	13	3	1276.19	356.13
浙江	3016	189	1940.39	4792.73
福建	1546	102	1400.13	2804.30
广东	759	44	1599.93	2416.15
广西	651	9	67.10	860.90
海南	231	12	48.73	309.05
台湾	224	–	247	–
香港	183	–	311.50	–
澳门	3	3	23.50	–
合计	7371	436	7272.322	12709.51

资料说明：1. 除台湾地区外，海岛的数量统计中面积均在500平方千米以上；2. 有人居住海岛的总数量不包含台湾和香港。3. 海岛陆地面积总数中不包含台湾本岛；4. 岸线长度统计中不包含台湾、香港和澳门。

整体，我国12个海岛县从北到南依次为辽宁长海县（长山群岛）、山东长岛县（庙岛群岛）、上海崇明县（崇明岛，2006年把原属上海市宝山县的长兴岛、横沙岛并入）、舟山群岛分属嵊泗县、岱山县、普陀区和定海区，玉环县（玉环岛和楚门半岛）、洞头县（洞头列岛）、平潭县（海坛岛等）、东山县（东山岛) 和南澳县（南澳岛）。

图5-8　美丽的马尔代夫

我国海岛数量众多，分布广泛，四海区和沿海各省都有海岛分布。但是海岛分布十分不均匀。若以海区而论，东海最多，约占66%；其次是南海，约占25%；黄海位居第三，渤海最少。若以各省（区、市）而论，浙江省最多，约占我国海岛总数的49%；排在次席的是福建省，约占21%；往下依次是广东省、广西壮族自治区、山东省、辽宁省、海南省、台湾地区、河北省、江苏省、上海市和天津市。

有趣的是，在我国不同的地区，海岛有不同的称谓。以长江为界，长江之北的地区一般都称之为岛，如辽宁省葫芦岛，山东省的斋堂岛等；而浙江省多将海岛称为山，如东霍山、大洋山等；而在福建省和台湾地区，人们则习惯将海岛称作屿，如青屿、上屿、下屿、鼓浪屿、赤尾屿等；到广东省，一些岛又被叫作礁、沙、洲，如雷州尾礁、羊尾沙、大竹洲等；广西多将海岛称作墩，如红沙墩、高墩；而海南省将一些海岛称为石、角，如仁尾石、沙井角等。在我国的西沙和南沙群岛，还有人把海岛称为滩、暗沙的，如银砾滩、曾母暗沙等。

依据形成原因、分布形态、物质组成、离岸距离、面积大小、所处位置、有无淡水和有无人居住等因素，可将海岛划分为不同类型。按海岛成因，可分为大陆岛、冲积岛和海洋岛三大类；按海岛分布的形状和构成状态，可分为群岛、列岛和岛三大类；按海岛的物质组成，可分为基岩岛、沙泥岛和珊瑚岛；按海岛离大陆海岸距离的不同，可分为陆连岛、沿岸岛、近岸岛和远岸岛；按面积大小，可分为特大岛、大岛、中岛和小岛；按所处位置，可分为河口岛和湾内岛；按有无人常住，可分为居民岛和无居民岛；按有无淡水资源，可分为淡水岛和无淡水岛。我国海岛数量多，分布广，几乎囊括了海岛分类中的所有类型。

海岛是人类开发海洋的远涉基地和前进支点，是第二海洋经济区，在国土划界和国防安全上也有特殊重要地位。作为海上的陆地，海岛是特殊的海洋资源和环境的复合区域，兼备丰富的海陆资源：

港址资源

我国海岛海岸线漫长曲折，有众多避风条件良好的港湾，适宜建港的深水岸线，众多的天然锚地和淡水水道，而且我国绝大部分的海岛具有靠近大陆海岸和较集中的特点，多数海岛港口临近大的河口和港湾，或者靠近沿海经济发达地区，终年不冻，港湾内泥沙淤积量小，这就使海岛港口成为沿海港口的重要组成部分。据调查，我国海岛岸线中有近300千米的深水岸线，可建良港100多处，主要分布在浙江、福建和海南的海岛水域。我国能建万吨级码头泊位的海岛有辽宁菊花岛、山东黄岛、上海崇明岛、浙江舟山群岛和与环岛、福建东山岛、广东南澳岛等34处。仅浙江省海岛大于10米水深的岸线就有230余千米，大于20米水深的岸线有90多千米，可建30万吨级码头。这就弥补了我国经济发达的长江三角洲大陆深水泊位不足的问题。由于我国沿海岛屿多呈群岛状密布分布，因此不但深水水域广阔，形成许多避风条件良好的港湾和天然锚地，而且在潮流作用下，岛屿之间多深水水道，构成了东西、南北交叉的海上"蓝色"公路。

矿产资源

我国海岛矿产资源包含黑色金属、有色金属、稀有金属、冶金辅助原料、化工原料、建筑材料、燃料以及其他非金属矿产等。我国海岛金属矿产资源不多，但是非金属矿产资源丰富，尤其是建筑材料矿产分布范围广，储量大。已探明储量的矿产有32种，共有矿床46个，其中大型矿床10个。主要分布在广西、广东、福建、浙江、河北等省区的海岛，其中福建海坛岛、东山岛和河北曹妃甸诸岛最为丰富，居全国海岛矿产资源之首，而且有些矿种储量在国内也名列前茅。海岛优势矿种为石英砂、标准砂、珊瑚礁、花岗岩、大理岩、石灰岩和石油、天然气等。

旅游资源

我国海岛旅游资源包含自然风光旅游资源和人文历史旅游资源。海岛的独特地理环境和奇异地貌，往往成为旅游胜地。海岛突兀于万顷碧波之中，岛礁奇异，风光秀丽，气候宜人，山奇石特，还有天然的生物乐园，是开展海洋游泳、垂钓和海上体育活动，以及游览、避暑和疗养的理想胜地，也是科学考察和教学研究的"实验室"。此外，我国人民世世代代开发创造的名胜古迹和引人入胜的神话传说，在海岛上留下了诸多历史文化遗迹、海防工程建筑和神奇的宗教庙堂，构成了绚丽多彩的海岛人文旅游景观。

生物资源

我国海岛地跨热带、亚热带和温带三个气候带，遍布我国的渤黄东南四大海域，环境复杂，物种资源极为丰富。我国海岛滩涂和近海海域宽阔，为海洋生物的生长繁殖提供了优良的场所。据不完全统计，我国近岛海域共有各类水产资源

图5-9　千岛湖蛇岛

1500多种，包含鱼类、虾类、贝类和藻类等。海岛上动植物资源也十分丰富。植物资源有药用植物、用材林、防护林、纤维植物、杀虫植物、油料植物、可食用植物及绿化美化环境的植物等。例如，红树林是热带、亚热带的常绿灌木和小乔木植物群落，分布在淤泥质而风浪又较小的潮间带上，耐盐、耐碱，是防止海岸遭受海浪潮和风暴侵蚀的天然防护带，又有固定土壤、扩大陆地面积的作用，同时红树林还能为人类提供木材、食品、医药、造纸和皮革等原材料，经济价值很高。动物资源有珊瑚类、两栖类、爬行类、鸟类和兽类等。例如，珊瑚种类就有400多种，大部分是造礁石珊瑚。珊瑚十分美丽，人类利用珊瑚优美的造型，做成供摆饰的工艺品。珊瑚还可以分离提取出具有天然活性物质的药物。

能源资源

海岛的能源也很丰富，如风能、海洋能、太阳能等。长江口以及南至广东南澳岛是全国海岛年平均风速最大的地区，如佘山岛、大陈岛、召山岛、海坛岛和南澳岛，年平均风速在8米/秒以上。现今，大陈岛已经利用

风力发电,其所发电力不仅能满足本岛需求,甚至还有富余电力向大陆输送。海岛的海洋能现阶段主要是指潮流能和波浪能,现在我国已经在广东珠江口的担杆岛研制建成了世界首座综合利用太阳能、风能、波浪能的海岛可再生独立能源电站,岛上300常住居民由此实现了电力和淡水的24小时自行供应。

其他资源

除上述几种资源之外,我国的海岛还拥有盐业资源、森林资源和土地资源。我国海盐产量一直居世界首位,沿海岛屿就是重要的海盐产地之一。有些海岛滩涂广阔,自然条件优越,对于海盐的生产极为有利。山东滨州近岸岛群有极其丰富的地下卤水资源,食盐储量高达3000万吨,是制造盐的理想原料。海岛地区丰富的海盐储量、良好的制盐环境条件,是海岛制盐业以及盐化工业发展的先决优势,可以预见,海岛海盐及盐化业的未来发展潜力巨大、前景广阔。我国海岛陆域面积广阔,达400多万公顷,森林覆盖面积约10%,40多万公顷。海岛森林基本以防护林为主,对于保护海岛生态平衡、防止海岛水土流失起着巨大作用,是海岛居民以及海岛自身的保护林。随着人口增加,陆上人口拥挤状况越显严重,对于拥

图5-10 南澳国家森林公园

有众多海岛的我国而言，未来向海岛分流人口不失是一个良策。

除去上述资源外，海岛本身还具有极其重要的战略地位。"冷战"结束后，世界进入了一个相对稳定的和平发展时期。但是国际关系和各种矛盾冲突依旧错综复杂，随着霸权主义、军国主义和强权政治的抬头，我国面临的国际压力，特别是来自海洋方面的军事威胁将会加大。

海岛在21世纪中的地位将更加突出，它既是争夺的焦点，又是开发的热点。从那些零星散布在世界大洋中的海岛归属可以看出，老牌殖民主义者具有强烈的海洋意识，他们在争夺殖民地的同时也瓜分了大洋的岛屿、礁群。五大洋中的150多个岛群被英国、法国、美国等26个国家占据，其中占据10个以上的有英国、法国、美国和新西兰。法国、英国均属于欧洲国家，两国的本土分别只有55万和24万平方千米，人口5500多万和5700多万。法国在太平洋、印度洋、大西洋占据了23个群岛，英国在太平洋、大西洋、印度洋占据了17个群岛。

根据《联合国海洋法公约》，各国的海洋权益主要由各国沿海的陆地所决定（包括海岛的陆地)，因此，随着该国际法的颁布实施，岛屿在海洋划界中的地位愈加重要，海岛是划分内水、领海及其他管辖海域的重要标志，并与毗邻海域共同构成国家领土的重要组成部分，无名岛屿的命名对宣示国家领土主权、维护国家海洋权益具有重要的现实意义。占领一个岛屿，其意义不仅仅在于岛屿本身，更重要的是岛屿战略位置及周围的海域和资源。占领了岛屿，就等于占领和控制了周边的海洋。

当前，各沿海国围绕海岛对海洋权益的关注已经达到前所未有的程度，一些沿海国家围绕岛屿归属、大陆架划分和管辖海域等问题展开的争夺也呈愈演愈烈之势。据不完全统计，国际上"岛礁主权"争议迭起，历史上因岛屿问题而引发的战争也不在少数，其中最为典型的莫过于英国与阿根廷的马岛之战。

海岛除了具有划分海洋国土、占据海洋资源的意义之外，还是国家海上国防的前哨，具有"不沉航母"的美誉。我国海岛众多，它们散布在我国沿岸近海，成为大陆的天然屏障。我国海岛多属于大陆岛，多山地、丘陵，便于构筑坚固的工事，进行阵地防御。这些岛屿离陆地较近，容易得到陆地空中支援。许多海岛相互毗邻，形成岛群，为配置舰艇部队创造了良好的地理环境。

我国有诸多战略地位显赫的岛屿，它们共同构成了我国的海上国防线，为我国国土安全和战略布局做出重要贡献。

我国十大最美丽海岛

2005年10月，由中国国家地理杂志社主办，全国34家媒体协办的"我国最美地方"评选活动，评出了我国最美的十大海岛。它们分别是：南沙群岛以永暑礁、太平岛等为代表（南海），涠洲岛（广西），西沙群岛以永兴岛、东岛等为代表（南海），澎湖列岛以澎湖岛为代表（台湾），南麂岛（浙江温州），庙岛列岛（山东烟台），普陀山岛（浙江），大嵛山岛（浙江福鼎），林进屿、南碇岛（福建漳州），海陵岛（广东阳江）。

（一）南沙群岛：珊瑚为我国铸就界碑

南沙群岛，是南中国海中南海诸岛的四大群岛中分布最广，位置最南的群岛，地理上位于北纬3°40′~11°55′和东经109°33′~117°50′。北起雄南滩，南至曾母暗沙，东至海里马滩，西到万安滩，南北长500多海里，东西宽400多海里，水域面积约82万平方海里，约占南中国海传统海域面积的2/5。周边自西、南、东依次毗邻越南、印度尼西亚、马来西亚、文莱和菲律宾。南沙群岛由550多个岛、洲、礁、沙、滩组成，但露出海面的约占1/5。

南沙群岛是我国南海诸岛四大群岛中位置最南、岛礁最多、散布最广的群岛。主要岛屿有太平岛、南威岛、中业岛、郑和群礁、万安滩和曾母暗沙等。

图5-11 美丽的南沙群岛

南沙群岛属热带海洋性季风气候，月平均温度在25℃~29℃，雨量充沛，岛上灌木繁茂，海鸟群集，盛产鸟粪，两栖生物丰富，水产种类繁多，是我国海洋渔业最大的热带渔场，有浮藻植物155种，浮游动物200多种，贝壳66种。海域蕴藏着大量的矿藏资源，有石油和天然气、铁、铜、锰、磷等多种。其中油气资源尤为丰富，地质储量约为350亿吨，有"第二个波斯湾"之称，主要分布在曾母暗沙、万安西和北乐滩等十几个盆地，总面积约41万平方千米，仅曾母暗沙盆地的油气质储量有126亿至137亿吨。

太平岛是南沙群岛中最大的岛屿，面积0.49平方千米，东西狭长，地势低平。1946年，国民党政府派遣海军收复南沙，以旗舰"太平号"命名了该岛。太平岛现由台湾实际控制，岛上有驻军，是南沙群岛中唯一有淡水水源的岛屿。太平岛属于珊瑚礁岛，地表为珊瑚礁风化而成的细砂土，下层为坚硬的礁盘。岛周边均有沙滩，沙滩主要为珊瑚和贝壳碎屑构成，由于红珊瑚的存在，沙滩呈现出白里透红的景象。

第五章
海洋国土地理

太平岛气候终年皆夏，年温差较小，年均气温27.5℃，年降水量达1862毫米。岛上土壤肥沃，森林遍布，林木高大，椰子树、香蕉树和木瓜树等丛生，形成典型的热带海岸林。

（二）涠洲岛：水火雕出的作品

涠洲岛是我国最大的也是地质年龄最年轻的火山岛，也是广西最大的海岛，位于广西壮族自治区北海市东南26海里的北部湾海面上。南北方向的长度为6.5千米，东西方向宽6千米，总面积24.74平方千米，岛的最高

5—12　涠洲岛海岸

海拔79米。涠洲岛上居住着2000多户人家，1.6万多人口，其中75%以上是客家人。涠洲岛上面单独设立涠洲镇，隶属于广西壮族自治区北海市海城区。岛上有名的建筑有三婆庙、圣母庙和天主堂等。

这里夏无酷暑，冬无严寒，年平均气温23℃，雨量1863毫米。四周烟波浩渺，全岛绿树茂密，风光秀美，尤以奇特的海蚀、海积地貌，火山熔岩及绚丽多姿的活珊瑚为最，素有南海"蓬莱岛"之称。涠洲岛与火山喷发堆积和珊瑚沉积融为一体，使岛南部的高峻险奇与北部的开阔平缓形成

鲜明对比，其沿海海水碧蓝见底，海底活珊瑚、名贵海产瑰丽神奇，种类繁多，堪称人间天堂。

涠洲岛地势南高北低，其南面的南湾港是由古代火山口形成的天然良港。港口呈圆椅形，东、北、西三面环山，东拱手与西拱手环抱成蛾眉月状，好像一个巨大无比的螃蟹横卧海中。码头背靠高10～30米的悬崖峭壁，崖顶青松挺拔，巨型仙人掌攀壁垂下，各式船艇进进出出，人来货往；飞鸟水禽，时隐时现；浪涌波兴，空阔无边；水天一色；气象恢弘。位于涠洲岛西南端，是涠洲最富特色的游览区，其火山口景观、海蚀景观、热带植物景观、生物和天象景观独特，并具有很高的科研价值。主要景点有绝壁览胜、龙宫探奇、平台听涛、百兽闹海等。

在波浪、海流、潮汐的侵蚀下，涠洲岛海岸基岩出现海蚀洞、海蚀沟、海蚀龛、海蚀崖、海蚀柱、海蚀台、海蚀窗、海蚀蘑菇等奇妙地貌。从整体山岩上分离出的巨型石块，在海水旋流冲刷剥蚀下，形成头大腰细的海蚀蘑菇。岛上西港码头有高3米、宽6米的巨型海蚀蘑菇。当几个海蚀洞受侵蚀而连成一体时，就成为凹进陆地的槽形穴，它被称为"海蚀龛"。近岸沙滩的海蚀石，其形似鳌鱼、海豹、海牛、大鲸、海豚、海参、海龟、海马、鱿鱼、鲍鱼、石斑鱼、青蟹、对虾、海星、海螺、海蜇、海蛇、海狗等，堪称"天然水族园"。

在东北岸和西北岸的橄榄玄武岩沙滩上，可捡到大似蚕豆、小如菜籽的碧绿透明宝石。在港口东拱手与西拱手下，有几处景点：有个山洞传说是反清武士的驻地，叫"贼佬洞"；有个状似卧龟的石穴，叫"海龟窿"；一个形像伏猪的小岛，叫"猪仔岭"；一个酷似一张长着宽额、高鼻、翘下腭的人脸的岩石，叫"洋人头像"。

（三）西沙群岛：珊瑚为国土增色

西沙群岛像朵朵睡莲，珍珠般浮在绿波万顷的南中国海上。它位于海南岛东南约180海里处，与东沙、中沙、南沙群岛组成我国最南端的疆土。西沙群岛，从东北向西南方向伸展。在长250千米、宽约150千米的海域里，由45座岛、洲、礁、沙滩组成。西沙群岛，东面为宣德群岛，由北岛、石岛和永兴岛等7个岛屿组成；西面是永乐群岛，由金银、中建、珊瑚等8个岛屿组成。西沙群岛地处北回归线以南，雨量充沛，岛屿附近海域的水温年变化小。这些优越的自然条件形成了西沙群岛奇特的景观。登上西沙群岛的第一大岛永兴岛，就如走进了一座热带植物园。那里热带植物丛生，四季繁茂。

环岛沙堤以内的地区生长着以白避霜花组成的乔木林，越靠岛的中心地带植株越高，越靠近海岸，植株越矮。在岛的外围沙堤上，生长的是海岸桐和草海桐等热带乔木和灌木。海岸桐主要分布在环岛50～100米宽的沙堤上，好像沿岛的防风林一样。它的材质较好，分枝多而低矮，抗风力强。草海桐是珊瑚岛上热带常绿灌木，分布广，面积大，除了潮水可以淹没的地域外，岛屿其他地方都有生长。除了天然林，岛上还有历代我国军民种植的椰子树等，有些地方形成小片椰子林。

西沙群岛上栖息着鸟类40多种，常见的有鲣鸟、乌燕鸥、黑枕燕鸥、大凤头燕鸥和暗缘乡眼等，素有"鸟的天堂"之称。在整个树林的上层及其上空，海鸟成千上万终日盘旋飞翔，千鸣万啭，自成奇观。更有趣的是鲣鸟，它会在大海中给渔船导航，白天渔民根据鲣鸟集结和寻食方向，驾船扬帆前去撒网捕鱼，傍晚跟随它们飞回的路线，把渔船从茫茫大海驶往附近的海岛停泊。因此，渔民们将鲣鸟称为"导航鸟"。

西沙群岛是我国主要热带渔场，有珊瑚鱼类和大洋性鱼类400余种，是捕捞金枪鱼、马鲛鱼、红鱼、鲣鱼、飞鱼、鲨鱼、石斑鱼的重要渔场。海产品主要有海龟、海参、珍珠、贝类、鲍鱼、渔藻等几十种，比较名贵的有称海龟之王的棱皮龟、海参之王的梅花参，世界最著名的珍珠——南

图5-13　美丽的西沙

图5-14　西沙群岛一景

珠、宝贝、麒麟等十几种。随着海、陆、空交通的不断发展，人们游览南海诸岛风光的愿望不久将会得到实现。

（四）澎湖列岛：人文与自然交相辉映

澎湖列岛是台湾东南部64个岛屿的总称，隔澎湖水道距我国台湾地区西海岸约48千米（30哩）；极北为目光屿，极南为七美屿，极西为花屿，极东为查某屿。总面积126.8641平方千米。这些海岛均为火山岛，由玄武岩组成，环以珊瑚礁。地势平坦，大部分海拔30~40米，最高的猫屿海拔为79米。列岛中，以澎湖、渔翁、白沙三岛最大，澎湖与白沙岛间筑有石堤相连，低潮时可以徒步通过。澎湖列岛统归澎湖县所辖，澎湖县东与云林、嘉义两县相望，西与福建厦门相对，是台湾地区唯一的岛县。

图5-15　澎湖列岛

澎湖列岛雄踞台湾海峡的中枢，就像大大小小的珍珠、玉石镶嵌在万顷碧波之上。澎湖列岛的开发比台湾本岛早380年，历史上曾是大陆移民去台湾岛的踏脚石，故有"台湾海峡之键"、"海上桥墩"之称。澎湖列岛本是一片火山喷出的熔岩——玄武岩台地，因受海水侵蚀而分裂成许多小岛，岛上表土瘠薄，由大量珊瑚礁和沙砾堆积，虽气候温和，但风强雨少，不宜农作物生长。而附近海域鱼类特别多，再加上各岛的海岸线曲折，到处可以开辟渔场，所以岛上居民多是"以海为田，以船为家"，兼采珊瑚、珍珠。

群岛海滨帆樯林立，微波漾碧，白云扫空，海天如画，每当夕阳沉海，暮色苍茫，烟雾迷蒙之时，渔火渐升。每逢月夜，万千渔船灯火布满海上，恍如一座不夜城。于海滨眺望，一望无际的海上，环岛流动闪烁的万点渔人，明灭变幻，与空中星斗、月光交相辉映，蔚为壮观，"澎湖渔火"在清代时即被列为台湾八景之一。

澎湖之名系以澎湖最大的本岛与本屯、白沙、西屿三岛相衔似湖，外侧海水汹涌澎湃，湖内波平浪静。

（五）南麂岛：神奇的海上生物园

南麂岛位于浙江省平阳县东南海域，由52个岛屿组成，面积19600公顷，生态保持良好，是我国唯一的国家级海洋自然保护区（贝藻类），也是联合国教科文组织划定的世界生物圈保护区之一。

南麂列岛是旅游、避暑、度假、疗养和尝海鲜、玩海水的胜地。有宽800米、长600米的贝壳沙海滩，海水清澈透明，能见度达5米以

图5-16 南麂岛

上；有郑成功操练过水师的国姓岙；有宋美龄憩息过的栖凤居；有水仙花岛和海鸥岛；有景点集中多达100余处的三磐尾旅游点；有位于海八珍之首的鲍鱼；有名贵石斑鱼等等。

南麂为南麂列岛的主岛，外形似麂，头朝西北，尾向东南，面积约7平方千米，海岸线曲折，周围有龙嘴头等5个岬角和国姓澳、马祖澳、火昆澳3个海湾及港湾南麂港。年均气温16.5℃，海水终年清澈湛蓝，岩石受海浪长期侵蚀冲击，形成海蚀崖、柱、穴、平台等景观，人称"碧海仙山"。

本区地处台湾暖流与江浙沿岸流交汇和交替消长的海区，属亚热带海洋季风气候。区内海洋生物物种繁多，区系成分复杂，自然生态系统保存良好。本区已鉴定的海洋贝类有403种，其中19种为国内首次记录，海洋底栖藻类有174种，其中黑叶马尾藻为世界海洋藻类的新种，贝藻类种数约占全国的29%以上。本区的贝藻类不仅种类丰富，而且还具有温、热带两种区系特征和地域上的断裂分布现象，堪称我国近海贝藻类的一个重要基因库。

（六）庙岛列岛：海上有仙山

在山东半岛的最北端，有一座美丽的海滨城市，古称登州，今叫蓬莱。从蓬莱之丹崖山上极目眺望，但见茫茫大海上，渺渺烟波之中，撒落

图5-17　庙岛落日

着一群苍翠如黛的岛屿，宛若镶嵌在碧波上的颗颗宝石，这就是被人们誉为"海上仙境"的美丽岛屿——庙岛列岛。

庙岛列岛位于山东蓬莱市长岛以北50千米处，由许多小型的礁石和小岛组成。礁石受海潮的长期侵蚀，变化出许多的样式。其中，姊妹礁、灯塔岛都是十分著名的海岸奇石风光。

在庙岛列岛中的万鸟岛自然保护区内，山石嶙峋，极宜鸟类繁殖和群居。在这里，种类众多的海洋鸟类搭巢筑窝，千百年来，山崖下堆积的鸟粪厚达几米，是我国海岸线上的一大奇观。

庙岛列岛是由长岛、长山岛、庙岛、竹山岛，大小黑山岛、猴矶岛、高山岛、砣矶岛、大小钦岛、南北城隍岛等一串岛链组成的。庙岛列岛为山东省长岛县所辖，在著名蓬莱阁北边的海湾里；它最北边的北隍城岛隔着老铁山水道，与旅顺相望。庙岛列岛像系在渤海湾脖子上的一串项链，古来是渤海湾的门户，在军事上素有长岛要塞之称。

庙岛列岛，古有蓬莱、方丈、瀛洲海上三神山之称。据《史记》记载，秦皇汉武都曾不辞跋涉，停步歇马于丹崖山畔，望海中神山，乞求长生。有海市蜃楼时，山头变幻莫测，方士们就对皇帝说海中有仙山，这仙山指的便是长岛。唐诗曾云："忽闻海上有仙山，山在虚无缥缈间……"宋代大文学家苏东坡当年站在蓬莱海岸上，北望长山诸岛，不由得赞叹道："真神仙所宅也！"一些神话小说中也将这里描绘成一个虚幻缥缈、超脱凡尘的世外桃源，海上仙境。

庙岛列岛历史悠久，考古学家和地质学家曾考证：早在旧石器时代，即1万多年前，这里便有人居住。商代时人们就在此穴居的遗址、古人的墓葬贝、古城墙上的废墟……均有出土和发现，证明庙岛列岛具有悠久的历史。

（七）普陀山岛：海天出佛国

普陀山是浙江省杭州湾外舟山群岛中的一个小岛，位于莲花洋上，传为观音大士显化道场，素有"海天佛国"、"南海圣境"之称，与山西五台山、四川峨眉山、安徽九华山并称为我国佛教四大名山。公元916年，日本高僧慧锷从五台山请得一尊观音佛像回国，途径舟山莲花洋，因风浪受阻而登梅岑岛建"不肯去观音院"，从此正式开辟佛教道场，梅岑岛遂依佛经改为"普陀洛迦"。普陀山是首批国家重点风景名胜区，经国家旅游局正式批准，为国家5A级旅游风景区。"海上有仙山，山在虚无缥缈间"，普陀山以其神奇、神圣、神秘，成为驰骋中外的旅游胜地。

普陀山是全国著名的观音道场，其宗教活动可追溯到秦代，岛上道教及仙人炼丹的遗迹随处可觅。自"不肯去观音院"建立之后，经过历代发展，现今已寺院林立。

每年农历二月十九观音诞辰日、六月十九观音得道日、九月十九观音出家日，四方信众聚缘佛国，普陀山烛火辉煌、香烟缭绕；诵经礼佛，通

图5-18 海天佛国普陀山

宵达旦，其盛况令人叹为观止。每逢佛事，屡现瑞相，信众求拜，灵验频显。绵延千余年的佛事活动，使普陀山这方钟灵毓秀之净土，积淀了深厚的佛教文化底蕴。观音大士结缘四海，有句俗语叫："人人阿弥陀，户户观世音。"观音信仰已被学者称为"半个世界的信仰"。

普陀山岛上风光旖旎，洞幽岩奇，古刹琳宫，云雾缭绕，被誉为"第

一人间清净地"。普陀山是以山、水二美著称的名山。普陀山这座海山，充分显示着海和山的大自然之美，山海相连，显得更加秀丽雄伟。

（八）大嵛山岛：山、湖、草、海在此浓缩

福建大嵛山岛，位于霞浦东北海域，距离三沙古镇港5海里，直径约5千米，面积21.22平方千米，最高处纪洞山海拔541.4米，为闽东第一大岛。嵛山岛地理位置特殊，扼闽浙海路之咽喉，是南北往来船舶的必经之道，战略意义重大。明朝时期为抵御倭寇骚扰，1389年明政府在嵛山岛设置军事要塞，归北路福宁卫烽火寨管辖。

图5-19 大嵛山岛景色

岛上风光旖旎，有天湖泛彩、蚁舟夕照、沙滩奇纹、南国天山、海角晴空等胜景。在海拔200米处，镶嵌着大小两个湖泊，因而素有"海上天湖"之称。湖周群峰环拱，其状似盂，嵛山岛由此得名。大天湖面积近千亩，可泛舟畅游；小天湖200多亩。二湖相隔1000多米，各有泉眼，常年不竭，水质甜美，水清如镜，清澈见底。湖畔多有野生乌龟出没。因日而耀，因风而皱，时有白鸥翔集。湖四周山坡平缓，形成素有"南国天山"之誉的万亩草场。在这里，恍若置身于"天苍苍，野茫茫，风吹草低见牛羊"的西北大草原。

此外，岛上还有红纪洞、古寨岩、天湖寺等景观。特别是跳水涧一处，别具风格，景点尤为集中，有明月潭、仙人坡、大头宫、白鹿坑、白莲飞瀑、大象岩、小桃源沙洲等。

（九）林进屿、南碇岛：漂浮在海上的石林

南碇岛是一座椭球形的火山岛，隶属于福建省漳州市漳浦县。离海岸约6.5千米，面积0.07平方千米，海拔51.5米。全岛由柱状节理及其发育的墨绿色玄武岩石林构成，远远望去，犹如镶嵌在蓝天碧海之中的一块墨玉。

南碇岛"漂浮"在林进屿的东南面，从香山半岛眺望，林进屿和南碇岛犹如一对姐妹岛，一前一后排列在海上。南碇岛由清一色的五角形或六角形石柱状玄武岩组成，数量有140万根之多，朝东北向扭动，形成一种风卷蹈

图5-20　雄奇的林进屿

海的韵律，当地称之为"发状石林"，也有人称之为"熔岩珊瑚"。这个岛是目前已知世界上最为巨大、密集的玄武岩石柱群，世上与此相类似的景致，近有一水相隔台湾的澎湖列岛，远有位于北爱尔兰海边的世界著名自然遗产"巨人之路"，其玄武岩石柱也仅仅不到4万根，而这里却是其数十倍之多。密集排列的石柱像凝固的瀑布，又如梳理整齐的黛丝，垂挂入海。

经国内外专家确认，它们是世界极为罕见、保持得较为完美的、珍贵的古火山地质地貌资源景观。林进屿和南碇岛属于新生代中新世纪陆地间断性多次火山喷发而形成的产物。岛上分别有壮观罕见的柱状节理玄武岩景观、不同规模古火山喷口群景观、玄武岩熔岩型景观、完全裸露巨大火山颈景观、海蚀熔岩平台景观、玄武岩球状海蚀画廊景观、玄武岩熔岩锥群景观、柱状玄武岩浪蚀崖景观、海蚀埋藏型熔岩景观、海蚀熔岩洞等大规模成片的自然景观。具有地质构造学、火山学、古地理学、地震学、大

地构造学等多学科的科研价值。除了这些神奇的、珍贵的、不可再生的火山地貌以外，还有因海岸沉降埋藏地下8000年的古森林遗址以及令人惊叹的优质沙滩。2001年成为我国首批地质公园之一，也是我国唯一海洋地貌的火山公园。

由于南碇岛地质上的独特与典型，它是全国11个第一批获得国家级地质地貌公园称号的地点之一。

（十）海陵岛：南中国海边的明珠

海陵岛位于广东省的阳江市，享有"南方北戴河"和"东方夏威夷"之美称，被誉为一块未经雕琢的翡翠。海陵岛从2005年起到2007年连续3年被《中国国家地理》杂志社评为"我国十大最美海岛"之一。

图5-21　"东方夏威夷"海陵岛

海陵岛是我国著名的海滨浴场，全年日照时间长，年平均气温22.8摄氏度，年均降雨量为1816毫米，年晴天数310天，四季分明，气候宜人，植被茂密，是旅游度假的理想地方。大角湾——马尾岛海水浴场占地17平方千米，它以清澈的海水，洁净的沙滩，优美的环境而独领风骚，并首批进入广东省旅游名胜之列。与其一山之隔的十里银滩宛如一条银龙横卧在海陵岛上，滩长7.4千米，宽60~250米，沙白浪柔，水质洁净，是难得一见的海水浴场。

除了旖旎的自然风光，海陵岛先后也开发了冲浪、水上快艇、碰碰车、骆驼沙滩游、激光射击、情侣车、升空伞、沙滩骑马、沙滩足球、海上水球、沙滩文艺表演等项目。

至今为止，海陵岛先后获得了国家级中心渔港、国家AAAA级海滨旅游风景区、国家小城镇经济综合开发示范镇等国家级荣誉称号，国家水下考古基地、国家沙滩排球训练与比赛基地等国家项目也相继落户海陵岛。现在的海陵岛，正朝着文明富庶的国内外著名海滨生态旅游名岛迈进。

三 海峡——海上的走廊

　　海峡是指海洋中相邻海区之间宽度狭窄的水道的总称，它往往深入大陆与大陆，大陆与岛屿，或岛屿与岛屿之间，并连接两个相对独立的海域。海峡的地理位置十分重要，不仅仅是沟通邻海的海上要道、航运枢纽，也是历来的兵家必争之地。因此，海峡素有"海上走廊"、"黄金水道"之称。

　　全世界有上千个大小海峡，可用于航行的约有130个，其中作为国际重要航线的主要海峡有40多个。这些海峡的重要性是由其所处的地理位置决定的。它们连通四大洋，促进物品在世界范围内的流通。海峡，不仅是世界海上交通和全球贸易的纽带，也是海军行动的重要航道和战略要冲。

　　海峡是由海水通过地下的裂缝并长期侵蚀形成，或者海水淹没下沉的陆地低凹处而形成。一般情况下，海峡水较深，水流较急且多有涡流。海峡内的海水温度、盐度、水色、透明度等水文要素的垂直和水平方向的变化较大。底质多为较坚硬的岩石或者沙砾，细小的沉积物一般较少。

　　由于海峡数目众多，海峡的法律地位也变得十分复杂，对于重要的国际海峡如何进行分类，在许多国家的国际法学者的著作中有不同的看法。

　　从地理特征来看，海峡可以分为：大陆之间的海峡，如直布罗陀海峡、白令海峡；大陆和岛屿之间的海峡，如台湾海峡；岛屿与岛屿之间的海峡，如津轻海峡。

　　根据海峡水域同沿岸国家的法律关系，海峡可以分为：

　　内海海峡，位于一国领海基线以内的海峡，属于沿岸国的内水部分，航行制度由沿岸国自行制定，如我国的渤海海峡和琼州海峡。

　　领海海峡，宽度在两岸领海宽度以内的海峡，通常允许外国船舶享有无害通过权。如海峡分属两国，通常其疆界线通过海峡的中心航道，其航行制度由沿岸国协商决定；如系国际通航海峡，则适用过境通行制度。通俗地讲，如果一国规定了其领海宽度为12海里，海峡宽度在12~24海里，那么该海峡就属于领海海峡。

非领海海峡，是指海峡宽度超过两岸领海宽度（24海里）的海峡。因为海峡较宽，中央水域不属于任何国家的领海，因此，一切船舶均可以自由通过。

　　国际海峡，该海峡不是指国与国之间的海峡，而是指用于国际航行的海峡。按照《联合国海洋法公约》的规定，在国际海峡，所有船舶和航空器，包括军舰以及运载核武器的船舶（一般不能断言其航行是无害的）都享有通过性航行权。这里所说的通过性航行，指仅以迅速而不间断的通过为目的的航行，而海峡两岸的国家或地区有义务不得妨碍或者阻止通过性航行。可以说，在通过性航行制度成立之后，发达国家提出的关于国际海峡应具有与公海同样的航行自由和飞越自由的主张基本上得到了国际社会的承认。

　　我国的海区处于半封闭状态，出入世界大洋要经过很多海峡。在我国近海区域，主要的海峡有：渤海海峡、朝鲜海域、台湾海峡、巴士海峡、巴林塘海峡、巴布延海峡、琼州海峡、马六甲海峡和第一岛链的各个海峡等。

　　渤海海峡位于渤海与黄海，山东半岛和辽宁半岛之间，是渤海内外交通的唯一通道。海峡向东连接黄海，向西连接渤海，是黄海和渤海联系的咽喉要道。渤海海峡的形成历经数次海陆之变，今天的渤海海峡为全新世海浸淹没形成。渤海海峡战略地位重要，是海上进出京津的门户，历史上外敌海上入侵京津的必经之道。

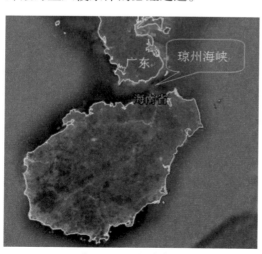

图5-22　琼州海峡

　　朝鲜海峡位于朝鲜半岛和日本九州岛之间，连接黄海、东海和日本海之间的要道。朝鲜海峡为东亚海上交通要冲，是朝鲜半岛东西两岸海上联系的必由之路，曾是俄罗斯南下太平洋的交通要道，是兵家必争之地。海峡两岸岸线曲折，岬湾交错，近岸岛屿众多。海底多平坦地形，海底地质以泥、沙为主。

台湾海峡是我国福建省和台湾地区之间连通南海、东海的海峡。它是纵贯我国东南沿海的海上交通要道，由南海北上，或由渤海、黄海、东海南下，必须经过这里，因此素有我国"海上走廊"之称，是保卫我国东南沿海安全的战略要冲。台湾海峡具有重要的国际航运价值，东北亚各国与东南亚、印度洋沿岸各国间的海上往来，绝大多数从这里经过。这里也是东亚重要的石油运输通道。按照国际法规定，外国船舶和飞行器在此享有无害通过的权利。

琼州海峡是海南岛与广东的雷州半岛之间所夹的水道，因海南别名为琼，故称为琼州海峡。《中华人民共和国领海及毗连区法》第2条第3款规定："中华人民共和国领海基线向陆一侧的水域为中华人民共和国的内水。"据此，我国的内海海域包括直线基线与海岸之间的海域、直线划入的领湾、领峡、港口、河口湾等，包括琼州海峡、渤海湾以及沿海分布的几百个商港、军港、渔港、工业港、专用港等港口在内的全部海域都是我国的内海。琼州海峡完全位于大陆架上，海底地形是四周高、中间低。

琉球诸水道位于日本九州至我国台湾之间的海岛之间长约600海里的水域内，有琉球群岛散布其间，群岛中间海峡、水道20多处，是东海连通太平洋的直接通道。琉球诸水道位于东海与太平洋之间，是大连、青岛、厦门、釜山等港口东出太平洋的必经之路，也是太平洋东岸及大洋洲各国出入东海和黄海的重要航道。其中大隅海峡和宫古海峡在军事方面具有重要的战略意义。

马六甲海峡是连接我国南海和印度洋的一条狭长水道，为太平洋和印度洋之间的重要海运通道，亚、非、澳、欧沿岸国家往来的重要海上通道，许多发达国家进口的石油和战略物资，都要经过这里运出。海峡处于赤道无风带，全年风平浪静的日子很多，有利于航行。近年来，每年通过马六甲海峡的船只达8万艘之多，是世界上最繁忙的海峡之一。马六甲海峡西宽东窄，多岛礁、浅滩，战时极易被封锁。海峡的东南出口就是新加坡，可直接控制该海峡。

世界经济发展到了今天，90%的世界贸易运输是用海运实现的，虽然陆地运输和空运也得以快速增长。但是，海运仍是国际货物流通的主要方式。海峡作为海上航道的重要组成部分，其地位自然是不可言喻的。看到此，也许有人会说，海洋一望无际，可供选择的路线不是应该多样吗？其实不然，海洋虽然一望无际，但是海洋里面礁石林立，海面气候变幻莫测，这都会给船舶的航行带来极大的危险，因此，虽然海域广阔，但是，真正适合航行的航道也就只有那么多，所以各国才会对航道看得如此重要。鉴于海运的重要性，美国海军一直坚持控制着马六甲海峡等海上航道。

四 海底——海洋的陆地

我们常说的海域，就是"海的区域"的简称，原意是指包括水上、水下在内的一定海洋区域。前文提及的内海、领海、专属经济区等都属于海域，例如，内海就是指划定领海宽度的基线以内的海域。我国海域面积广阔，总面积大约300万平方千米，包括渤海、黄海、东海、南海以及台湾岛以东海域，介于亚欧大陆与太平洋之间，自北向南略呈弧形展开。

我国海域是根据其地理位置、地理轮廓、海洋物理性质、生物体系、海底地貌等因素所表现的差异性进行划分的。我国海域的形成原因可概括为以板块运动为主的内力作用和以物质沉积为主的外力作用。

海域并不是单指我们所直观看到的海洋水体，还包括海底。海底并不像海面那样善变，一会儿风平浪静，一会儿狂浪滔天。海底的变化漫长而深

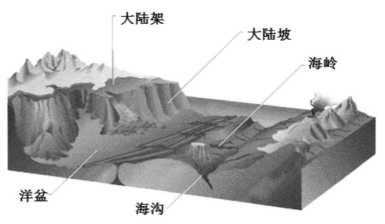

图5-23　海底地形示意图

刻，其地貌类型丰富多样，包括大陆架、海洋盆地、大陆坡与海槽等。

大陆架，又称为大陆棚、陆架、陆棚，是大陆沿岸土地在海面下向海洋的延伸，可以说是被海水所覆盖的大陆。一般情况下，大陆架被看成陆地的一部分。国际法中明确规定，沿海国有权为勘探和开发自然资源的目的对其大陆架行使主权权利。大陆架的浅海区是海洋植物和海洋动物生长发育的良好场所，全世界的海洋渔场大部分分布在大陆架海区。还有海底森林和多种藻类植物，有的可以加工成多种食品，有的是良好的医药和工业原料。大陆架上有丰富的矿藏，已发现的有石油、煤、天然气、铜、铁等20多种矿产，其中已经探明的石油储量是整个地球石油储量的三分之一。大陆架是地壳运动或波浪冲刷的结果，地壳的升降运动使陆地下沉，淹没水下，形成大陆架；海水冲击海岸，产生海蚀平台，淹没在水下，也能形成大陆架。这种大陆架大多分布在太平洋西岸、大西洋北部西岸、北冰洋边缘等。海水覆盖其上，我们不能直观地看到大陆架的面貌，若将海水全部抽光，我们可以看到大陆架基本和陆地没什么区别，在大陆架上也可以看到河流入海冲积形成的三角洲。大陆架上可以随处发现大陆的痕迹，泥炭层是大陆架曾经长有植物的有利证据。在大陆架上还能经常发现贝壳层，许多贝壳被压碎后堆积在一起，形成厚度不均的沉积层。大陆架上的沉积物几乎都是由陆地上的江河带来的泥沙，而海洋的成分很少。除了泥沙外，永不停息的江河就像传送带，把陆地上的有机物质源源不断地带到大陆架上。大陆架由于得到陆地上丰富的营养物质的供应，已经成为最富饶的海域，这里盛产鱼虾。大陆架并不是永远不变的，它随着地球地质演变，不断产生缓慢而永不停息的变化。

大陆架的地势多平坦，深度一般不会超过200米，但是宽度大小不一。一般而言，与大陆平原相连的大陆架比较宽，可达数百至上千千米，而与陆地山脉紧邻的大陆架则比较狭窄，可能只有数十千米，甚至缺失。大陆架并不是平坦的平原，其上也存在一些丘陵、盆地，还有明显的"水下河谷"，这些河谷地形看起来与陆上河流无异，也有蜿蜒的河道，有冲积平原、三角洲等等，其中一些水下河谷还与陆地上的河流相对应，可以看成是陆上河流的"延续"。这是因为陆海变迁将这些原本露出海面的远古大陆埋入海水中。

我国近海海域的大陆架是世界上最宽广的大陆架区之一，渤海、黄海全部位于大陆架上，东海约有2/3在大陆架上，其外援转折点水深约在100~170米，大陆架宽度为240~650千米，是亚洲东部最宽广的大陆架。南海的大陆架面积也占1/2以上，两广地区大陆架宽约180~260千米，转折点水深150~200米。台湾岛以东大陆架狭窄，最宽处仅十几千米。

　　大陆坡介于大陆架和大洋底之间，前文提及，大陆架是大陆的一部分，而大洋底才是真正的海底，因此也可以说，大陆坡是联系海陆的桥梁，一头连接的是大陆，一头连接的是海洋。大陆坡分布在水深200~4000米的海底，虽说大陆坡在海洋中的地理位置分布较深，但是其地壳组成基本上以大陆型花岗岩为主，只有极少部分属于过渡性地壳，大陆架坡脚以外的深海大洋地壳是以玄武岩为主，这才是典型的大洋型地壳，因此，确切地说大陆架坡脚才是大陆型地壳和大洋型地壳的真正分界线。大陆坡在水深较深处，因此很少受到破坏，基本保持了古大陆破裂时的原始形态。大陆坡坡度较陡，表面极不平静，分布着许多巨大、深邃的海底峡谷。大陆坡底质以泥为主，还有少量沙砾和生物碎屑。沉积物比相邻的陆架和陆隆沉积物细，其主要来源于陆地，也有生物和化学作用形成的。

　　海槽是陆坡上或者洋盆底部长条形，比海沟相对宽浅的洼地，具有较陡的边坡和较平坦的槽底。东海与南海分布有若干海槽。冲绳海槽是东海大陆架与琉球群岛岛缘陆架的天然分界，冲绳海槽总体上呈北东—南西向，海槽长840千米，平均宽约70千米，北部浅南部深。南海海域有西沙海槽、中沙西海槽、南沙海槽、礼乐西海槽等，大多是南海扩张而产生的裂谷。

　　海洋盆地是海洋底部低平的地带，周围是一些相对高一些的海底山脉。它是大洋底的主体部分，约占海洋总面积的45%。深海盆地中最平坦的部分称为深海平原，其坡度一般小于千分之一度，甚至小于万分之一度。大洋盆地并不是真正的"平原"，其内也有凹凸不平，凸起的部分，构成"海底高地"、"海岭"、"海峰"、"海山"及"平顶山"；凹下的洼地即海盆。

五 海底沉积物——海洋的沃土

我们知道，大地母亲养育了生命，土壤中含有丰富的营养物质供应植物的生长，而且不同地区的土壤不同，有肥沃的农场也有贫瘠的荒漠。海洋虽然是庞大的水体，但是，海洋底部也有一层厚厚的"土壤"——海洋沉积物。

海洋沉积物的来源多样，可以从入海河流、海岸和海底侵蚀、大气降尘、海洋自生沉积物等方面来考虑。就陆架区总体而言，河流入海物质和海底改造物质是目前处于搬运和堆积过程的沉积物的主要来源。

我国大河多发源于西部的高原地区，又流经了辽阔的山地平原，沿途多条支流汇集其中，携带了大量的沉积物入海。沿海地区的众多中小河流也有较大的输送量。具有关科学计算估计，我国河流每年输入渤海、黄海、东海和南海的沉积物总量约20亿吨，约占全球河流入海总量的1/10。

由于河流地理位置、地质地貌条件以及流域面积的不同，我国河流输沙特征有较大差异，这可以从黄河和长江这两大河流的比较中看出。按照干流长度、流域面积而言，长江无疑是我国第一大河，但是若以输沙量而论，显然黄河远大于长江，其实这和河流的流经区域有很大关系。黄河流经由粉砂质沉积物组成的黄土高原，其土壤极易受到冲蚀。

海岸侵蚀和海底沉积物被现代海洋动力所冲刷搬运，为其他海区提供了物质来源。海岸侵蚀在我国沿海强度较大。例如，老黄河三角洲海岸自1855年以来发生强烈后退，侵蚀物质总量达400亿立方米之多。海岸侵蚀产物主要对当地海岸演变和临近陆架的冲淤状况产生影响，而在我国陆架区特别是外陆架区，海底改造产物可能是参与现代沉积物输运过程中最主要的物质来源。

大气沉降也是海洋沉积物的来源之一。每年冬春季节，由于偏西风作用，来自我国西北沙漠和黄土区域的粉尘向太平洋方向输送。粉尘的粒径为2~20μ米，其中以粉砂为主。我国北方和黄海、渤海、东海海域是世界上大气输尘最高的地区之一。尘土随着气流飘扬，可以到达西北太平洋甚至更远，但大多数会堆积在我国近海区域。一次浮尘天气过程，可以向海洋输送高达百万吨的尘土，而如此类似的天气，在我国每年有数次。因此，每年我国大气沉降入海的沉积物可达千万吨之巨。

除了外来沉积物之外，海洋自身也产生沉积物，这类沉积物被称为海洋自生沉积物。我国陆架区海洋自生沉积物的种类较多，包括海绿石、黄铁矿、贝壳和珊瑚碎屑等等。在海洋局部地区，因其特殊环境，可以造成自生物质的富集，形成较高含量。

六 海水——海洋国土的血液

面对海洋，我们会为这庞大的水体而惊叹，作为构成海洋的主体——海水，我们又了解多少呢？

对于水，我们没有人会感到陌生，因为我们的日常生活与之息息相关，而海水虽然也是"水"，但它和我们日常所用之水有着很大的区别。与日常用水——淡水相对应，海水又称为苦咸水。海水不是纯净物，海水中溶解有多种无机盐、有机物质和气体以及许多的悬浮物质。到目前为止，海水中已经检测出来的元素有80余种。因海水中含有多种物质，故与淡水相比，它的理化性质与淡水有些许不同。

海水是盐的"故乡"，海水中含有多种盐类，其中绝大部分是氯化钠（$NaCl$），也就是日常生活中的食盐。另外，还含有氯化镁（$MgCl_2$）、硫酸镁（$MgSO_4$）、碳酸镁（$MgCO_3$）以及含有钾、碘、钠、溴等各种元素的其他盐类。作为盐类的故乡，全世界每年从海洋中提取氯化钠达数千万吨，镁及镁的氧化物有数百万吨之多。海水中也含有有机物，但是其成分比较复杂，主要是一种叫作"海洋腐殖质"的物质，它类似于土壤腐殖质，主要来自于海洋生物的遗骸。目前，该物质的化学结构还没有完全确定，但是它能与金属离子结合成强络合物。海水中还溶有一定的气体，如二氧化碳、氧气及一些惰性气体等。

日常情况下，海水呈现为蓝色，这主要跟海水的光学性质相关。阳光照射到海面上，大部分被海水发射回来，折射进入海水中的光线在传播过程中会被海水吸收。海水对光线的吸收能力跟光的波长有关，波长较长的红色光线最易被海水吸收，而对波长较短的蓝色和紫色光线吸收能力较差。因此，当海水明净清澈时，被海水吸收最少的蓝光和紫光就会经反射和散射进入

图5-24　海洋的主体——海水

我们的眼里，我们看到的大海也就呈现出蓝色。

　　作为地球上最庞大的水源，海水还是陆地淡水的源头。海洋每年蒸发的淡水量高达450万立方千米，其中有90%经过大气循环以雨雪的形式重回海洋，而剩余的10%则降落在大地上，而后又以陆地径流的形式返回海洋。

　　作为地球上最大的水体，海水对地球的气候还有着重要影响。海水的比热容较大，约为3.89×10^3焦耳每千克摄氏度，在所有固体和液态物质中是名列前茅的，同时海水密度略比淡水大，可达1025千克/立方米。空气比热容相对海水要低得多，为1.0×10^3焦耳每千克摄氏度，而密度就更低了，为1.29千克/立方米。因此，每1立方米海水降低1摄氏度释放的能量足以使3100立方米的空气升高1摄氏度。世界71%的地面被海水覆盖，整个海洋的海水体积高达137033万立方千米，因此，海洋对气候的影响是不可忽视的。也是因为此，沿海地区温度变化要比内陆地区小得多。

　　海水是海洋的主体，也是海洋生物的乐园。海水中的无机盐为初级生产者的生长提供了必要条件，而海洋初级生产者又为整个海洋生态系统的稳定提供保障。海水还是海洋通道得以发挥作用的必要保障，众所周知，船舶航行有最低水深要求，若深度不够，则有触底搁浅的危险。

　　在陆地资源日渐枯竭的今天，向海洋要资源已是未来人类发展的必然趋势。海水中蕴含着丰富的海洋能源：高低起伏的波浪中蕴含着波浪能，潮涨潮落的潮流中蕴含着潮流能，奔腾不息的海流中蕴含着海流能，温度各异的不同海水之间蕴含着温差能等，这些能量都是以海水为媒介的。

在淡水资源日渐紧张、淡水供需矛盾逐步加深的今天，作为水资源含量丰富的海洋，向海洋要水已经成为一条解决难题的快捷途径。但是作为苦咸水，海水不能为人类直接饮用，同时海水因为盐类的存在，也不可作为灌溉用水和工业用水。海水须经过淡化处理之后才能为人类所用。发展至今，海水淡化已经取得了长足发展，全球有数百种不同结构和不同容量的海水淡化设施在工作。一座现代化的大型海水淡化厂，每天可以生产几千、几万甚至近百万吨淡水。海水淡化成本随着技术的发展也在逐步降低，现今其成本已经和自来水的价格差不多。在中东地区，海水淡化已经可以达到了国家和城市的供水规模。

海水组成海洋的液体空间，是海洋军事活动的基本海洋地理环境。海面是水面舰艇活动的场所，海水深层是潜艇活动的场所。在当代海、陆、空三种核战略打击力量中，处于海水深层的核潜艇，具有最优越的地位。战略核潜艇在当今已经成为强有力的威慑力量。

海水对海洋的重要性不言而喻：没有海水也就没有海洋。

七　上空——海洋国土的外衣

海洋国土是一个立体概念，它不仅包括海水、海底，还包括海水上方的天空。一国的领空包括领土和其领海范围内的全部上空。根据《巴黎航空公约》和《国际民用航空公约》规定，国家对其领土上空的空气空间享有绝对主权。

按字面意思理解，领空应为大气的高度，但是大气是没有界限的，从稠密到稀薄甚至到真空状态的外太空，这之间都没有明显的界线。一般情况下，领空应当是飞机和气球等航空飞行器上升的最高处，这个高度，现在最高为35千米左右。超过100千米的高度，一般就被认为属于太空了。太空领域一般不被认为属于领空，因此，领空一般认为是领海和领陆向上100千米之间的空间。

与海域相似，空域也被分为国家领空和国际空域。其中国家领空是指一个国家的陆地、内水、群岛水域和领海上的领空；国际空域是指毗邻区、专属经济区、公海和不属于任何国家主权管辖范围内土地（如南极洲大陆）上的空域。一个国家对其领空可行使唯一、完全的主权。在国际航行规则中，希望进入主权国领空的飞机必须表明其国籍和意图，以求得到同意过境飞行或着陆，并且必须服从相关的飞行规定，否则将有可能被视为"入侵"。

从水平空间看，国家管辖的海洋上空范围相对于国家管辖海域而言范围较小，毗连区和专属经济区上方的空域不在国家管辖范围之内。2001年发生的南海撞机事件，美国侦察机就是在我国专属经济区领域内对我国进行侦察活动，因此，我方只能对美方飞机进行跟踪监视，而不可以采取任何强制措施。

八 河口——淡咸水的过渡

我国古代就有滚滚大江向东流，奔腾入海的说法。作为海水来源之一，陆上径流每年向海洋输送大量的淡水，据有关统计，入海河流流域面积约占总流域面积的40%还多，入海径流量占全国河川径流流量的约70%。其中尤以长江、黄河和珠江三大河流量最为重要。河流入海，带来的不仅仅是淡水，还有大量的泥沙，其中淡水对近岸河口地区的海水理化性质会产生影响，而泥沙对海岸塑造、陆架沉积作用及海洋生态环境等都会有深远影响。

我国注入大海的海流也较多，入海河口自北向南依次主要有图们江口、鸭绿江口、大辽河口、滦河口、黄河口、长江口、钱塘江口、瓯江口、闽江口、珠江口及北仑河口。

图们江发源于长白山主峰，为俄朝界河，注入日本海。在150多年前，我国曾有权通过图们江进入日本海，那时的图们江是我国渔民和商船自由出入的通道。1938年日苏战争后封锁了图们江口，阻断了我国东北进入日本海的海上通道。21世纪初，我国与俄罗斯签订的中俄东段边界协议中明确规定了我国拥有图们江出日本海的权利。2012年，我国和朝鲜签订协议，通过租赁朝鲜罗先港再次获得图们江口出海权。

鸭绿江口是一个山溪性强潮流河口。我国于1982年开始对其进行大规模的水文泥沙测验。鸭绿江入海径流量季节变化明显，其中7月、8月入海径流量占全年的一半左右。鸭绿江口水流被河中岛屿分割成多股，分别流入黄海之中。

大辽河口位于辽东湾东北部营口市西侧，呈现喇叭状。河口长10千米左右，宽6千米左右，河口处多有沙洲，河口处营口港从清朝同治三年（1864年）开港至今已有百余年历史，是我国北方沿海重要的河口港，港区岸线长10千米，建有顺岸码头，是我国东北地区物资集散的重要港口之一。

滦河口位于河北省昌黎城东南，河口段长约3千米，宽约2千米，水深平均2米，河口底部为沙泥质。入海口处在泥沙堆积作用下形成一个扇形三角洲。历史上，滦河下游河床经历过数次改道，河口位置几经迁移。现今的大清河口和狼窝口都曾为滦河的入海口。

作为母亲河，黄河口位于山东省东营市渤海湾和莱州湾交界处，黄河尾闾及河口位置变化频繁。黄河的入海泥沙量位居全国入海河流之首，但是年际变化较大，且有逐年减少的趋势。大量的入海泥沙在河口处堆积成三角洲。

长江是我国最长的河流，长江河口跨度也较长，它东西长约158千米，其中西面江口宽5千米，东面江口宽90千米，在入海泥沙沉积作用下，形成的有崇明岛、长兴岛、横沙岛、青草沙、团结沙等沙洲、沙岛。历史上长江口也历经变迁，今址是18世纪之后才形成的。崇明岛形成之后，将河口分为南北两支水道。

钱塘江口西起杭州市西南的浦阳江口，东至澉浦西山东南嘴—慈溪西三闸连线，向东汇入杭州湾，长108千米，靠近杭州湾处宽约20千米，西南浦阳江口处不足1千米，仅500米左右。钱塘江口闻名于世的是钱塘江大潮，这是因为钱塘江口外接开阔的杭州湾，受喇叭形河口湾岸影响，故有此大潮。

瓯江河口位于浙江，属于浙江第二大河口，河口段长约66千米。瓯江口形成于燕山运动，中更新世后显露雏形。瓯江入海口呈现喇叭形，口门宽达11千米之多。

闽江口位于我国福建省，口门同样呈现喇叭形，最宽处23.5千米，长7千米。河口区散布若干岛屿。江口分为南北两支，南支为主航道，可通万吨级轮船。

珠江是我国第三大江河，珠江口位于我国广东省中南部，是三角洲网河和残留河口湾并存的河口，径流较大，泥沙含量较少。河口区河汊发育，水网密布。珠江水系的几条主要干流到下游之后互相沟通，呈放射状排列的分流水道流入南海。

北仑河口位于我国广西壮族自治区，河口长约2千米，宽在0.25~1.25千米之间，从西向东南开口，呈现出喇叭状。北仑河带来的泥沙在河口处形成长条状沙洲，将河口分为南北分流。北流成为东兴河，是我国境内河流，南流称牛轭湾江，为中越界河。

图片来源：

[1] 图5-1 http://www.mlr.gov.cn/我国海岸线示意图（蓝色部分）

[2] 图5-2 赵玉灵.近30年来我国海岸线遥感调查与演变分析，国土资源遥感.2011，增刊：174-177.澳门海岸变迁

[3] 图5-3 http://www.ceweekly.cn/html/article/201112078284705502970l.html北仑河口国家自然保护区

[4] 图5-4 风貌奇特增城海蚀洞、图5-5 风景秀丽的黄河三角洲、图5-6 美丽的珊瑚礁、图5-7 台湾东部——清水断崖 http://www.yic.ac.cn/kpzx/kpwz/201106/t20110616_3288743.html．中科院海岸带研究所

[5] 图5-8 http://www.scspc.gov.cn/html/xxyl_66/lyyl_68/2009/0618/47465.html美丽的马尔代夫

[6] 图5-9 http://web.hangzhou.com.cn/lvyou2011/vote.php?a=view&id=133 千岛湖蛇岛

[7] 图5-10 http://www.daodao.com/Attraction_Review-g1372343-d1843241-Reviews-Mt_Huanghua_Forest_Park-Nan_ao_County_Guangdong.html南澳国家深林公园

[8] 图5-11 http://tupian.baike.com/a33136013000003570931 24624364852503jpg.html 南沙群岛

[9] 图5-12 http://www.lvchengba.com/jingdian/100562涠洲岛海岸

[10] 图5-13 http://baike.baidu.com/picview/6652/6652/518810/4a77b2af28cdff817cd92afa.html#albumindex=2&picindex=16美丽的西沙

[11] 图5-14 http://roll.sohu.com/20110617/n310408734.shtml西沙群岛一景

[12] 图5-15 http://www.cnsq.com.cn/lvyou/2009-08/14/content_1142271_5.htm澎湖列岛

[13] 图5-16 http://www.china.com.cn/travel/txt/2006-07/25/content_7024448_8.htm南麂岛

[14] 图5-17 http://tupian.baike.com/a1_16_29_01300001063754129637297057251_png.html庙岛落日

[15] 图5-18 http://www.xiangrikui.com/lvyouxian/gonglve/20101223/82053.html海天佛国普陀山

[16] 图5-19 http://www.7hxly.com/show/imgurls/4429大嵛山岛景色

[17] 图5-20 http://www.wenwu.gov.cn/contents/272/5409.html雄奇的林进屿

[18] 图5-21 http://photo.cthy.com/picinfo_2598_2.html"东方夏威夷"海陵岛

[19] 图5-23 http://wenwen.sogou.com/z/q151590223.htm海底地形示意图

[20] 图5-24 http://www.bbzhi.com/fengjingbizhi/xiaweiyilangmanhaitan/down_57466_18.htm海洋的主体——海水

[21] 表5.1 王明舜.我国海岛经济发展模式及其实现途径研究[D].我国海洋大学博士学位论文, 2009.

第六章 >>
渤海海洋国土

渤海形成初期，人类并没有给予称谓。随着经济的发展，人口的增加，沿海一带逐渐兴旺起来。人们为了更好地利用海洋、掌控海洋，开始给海洋加以命名，予以区分。根据史册记载，战国时期就将其称为渤海；到秦代时，又将渤海改称为"勃海"；东晋时期，再次改称为"渤海"。春秋时期也有"北海"之称，《庄子·逍遥游》曰"北冥有

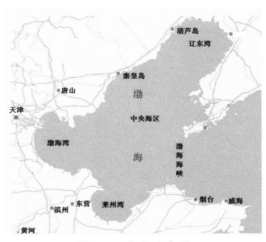

图6-1　渤海示意图

鱼，其名为鲲"，这里的"北冥"就是指渤海。自元朝以后，"渤海"之名一直沿用至今。

渤海地处我国大陆东部北端，是一个三面为陆地包围的半封闭海，位于北纬37°07′~41°，东经117°35′~122°15′的区域。渤海与黄海之间以著名的渤海海峡为界，即北起辽宁省的老铁山角，向南经过庙岛群岛至山东省的蓬莱角。海峡以西为渤海，以东为黄海。

从地图上观看，辽东半岛南端的老铁山角与山东半岛北岸蓬莱遥相对峙，像一双巨擘把渤海环抱起来。而整个渤海又恰似一个倾斜的葫芦，侧卧在华北大地上。渤海具有海湾的性质，因此也曾被称为渤海湾。总面积约$7.7×10^4$平方千米。从北面的辽河口到南面的弥河口，长约480千米，东西最宽处约300千米。渤海海峡口宽59海里，有30多个岛屿，其中较大的有南长山岛、砣矶岛、钦岛和隍城岛等，总称庙岛群岛或庙岛列岛。期间

构成6条宽狭不等的水道，扼渤海的咽喉，是京津地区的海上门户，地理位置非常重要。

通常情况下，根据渤海海区的基本特征可以将其分为辽东湾、渤海湾、莱州湾、渤海海峡和中央海区五部分。辽东湾地处渤海北部，面积约3.6万平方千米，总体呈北北东向。关于辽东湾的湾口界线问题业界一直存在争议，一种说法认为以河北大清河口到辽东半岛西南端的老铁山岬连线为界；另一种意见认为河北秦皇岛金山嘴至辽宁长兴岛西南角的连线才更为确切。渤海湾位于渤海西部，面积约1.59万平方千米，湾口是以大清河口至山东的旧黄河口一线为界。莱州湾位于渤海南部，面积约6966平方千米，以现代黄河入海口至莱州市的屺姆岛一线为线。渤海海峡是指辽东半岛西南端、经庙岛群岛至山东半岛西端蓬莱之间的海域。渤海中央区是渤海的主体部分，位于上述各海区之间，即辽东湾的南界为其北界，渤海湾的东界为其西界，莱州湾的北界为其南界，东以渤海海峡为界。渤海中央区也是渤海地区海底坡度最大的海区。

渤海海峡是我国重要的海上通道，在我国国防中拥有重要战略地位。渤海海峡是指辽东半岛南端老铁山西南角至山东半岛蓬莱登州头一带水域，南北宽约106千米，东西长约115千米。庙岛群岛如一串美丽的珍珠镶嵌其中，将渤海海峡分割成六个主要水道，各水道之间深度和宽度差异较大，但是总的来说：北面的水道宽度较大且深度较深，而南面的水道恰好相反。六个水道自北向南依次为：老铁山水道、小钦水道、大钦水道、北砣矶水道、南砣矶水道和登州水道。其中老铁山水道是渤海海区最重要的水道，该水道是指老铁山西南角至北隍城岛一带的水域，宽约40千米，水深50~65米，最大深度86米。

从蓬莱之丹山崖上极目眺望，但见茫茫大海中散落着一群苍翠如黛的岛屿，宛若镶嵌在碧波上的颗颗宝石，这就是被人们誉为"海上仙境"的美丽岛屿群——庙岛列岛。庙岛列岛位于渤海与黄海交界处，共由32个岛屿组成。该群岛属于丘陵地带，南部岛屿众多，岸坡缓冲，北部岸陡水深，西部岛屿多为岩岸，东部岛屿多为砾石滩。按其自然组合可以分为3个群：北部岛群中有南隍城岛、北隍城岛、大钦岛、北钦岛等；中部岛群有砣矶岛、猴矶岛、高山岛等；南部岛群有南长山岛、北长山岛、庙岛、大黑山

图6-2 "长岛人歌、蓬莱梦境"——山东长岛县庙岛列岛主岛南北长山岛

岛、小黑山岛等。其中南长山岛最大，面积为13.43平方千米，为县政府所在地。

庙岛列岛受地质构造控制明显，岛上主要为震旦纪变质岩系，系小量岩浆岩，形成大量单斜断块山，海拔高程100~200米，岛上的平原和地丘上广布黄土层，其厚度最高可达20米。庙岛列岛位于山东蓬莱市长岛以北50千米处，由许多小型的礁石和小岛组成。礁石受海潮的长期侵蚀，变化出许多的样式。其中，姊妹礁、灯塔岛都是十分著名的海岸奇石风光。

在庙岛列岛中的万鸟岛自然保护区内，山石嶙峋，极宜鸟类繁殖和群居。在这里，种类众多的海洋鸟类搭巢筑窝，千百年来，山崖下堆积的鸟粪厚达几米，是我国海岸线上的一大奇观。

庙岛列岛是黄海和渤海的咽喉，北京和天津的门户。根据庙岛群岛地理位置和地质条件，该群岛适宜建设海上防御工事，紧急关头，方便封锁渤海海峡，从而保护京津地区安全。但是，旧我国岛上无防御设施，致使外敌多次经庙岛群岛随意进出渤海，例如，清政府时期，西方列强就是经庙岛群岛进而攻击京津地区的。

环渤海城市是我国较发达的地区之一，其中拥有许多著名的大中型企业，其经济发展对我国十分重要。该区域主要有三大城市群：一是京津冀城市群，有两个直辖市和11个地级市；二是山东半岛城市群，有两个副省级城市和6个地级市；三是辽中南城市群，有两个副省级城市和8个地级市。在过往几十年中，环渤海区域工业经济发展势头良好，一直保持高速增长，农业经济发展势头虽然不及工业经济，但是其发展稳定，产值保持稳定增加的趋势。

二 渤海地质特征

　　渤海历经数万年的变迁，才形成今天的面貌。为了解开渤海成因之谜，地质学家可谓是费尽心思。地质学家在渤海区域打了许多深井，获得一批深达数千米的岩芯。通过岩芯分析，渤海身世方始解开。科学研究发现，在地球形成早期，山东半岛和辽东半岛是连接在一起的，渤海并不存在。后期因为地质运动，造成地壳下陷，在包括华北地区的广阔区域形成一个湖泊，这个广阔、浩渺的大湖就是渤海的前身。这个鲜为人知的大湖也被称为"渤海湖"。后来又经过几次地壳运动，渤海的湖泊时期结束，一个名副其实的渤海出现了。在此期间，渤海历经多次沧桑巨变，从沧海到桑田，又从桑田到沧海。

　　渤海是一个陆架浅海盆地，海底地势自西北向东南倾斜，即从三个海湾（辽东湾、渤海湾、莱州湾）向渤海中央及渤海海峡倾斜，坡度较为平缓。水深较浅，10米等深线内的海域大约占渤海总面积的26%，沿岸地区水深都在10米之内，其中黄河口处水深最浅，不足0.5米。

　　渤海平均水深约18米，最大水深处在渤海海峡老铁山水道附近，约86米。渤海海底平坦，多为泥沙和软泥质。海岸分为粉沙淤泥质岸、沙质岸和基岩岸三种类型。渤海湾，黄河三角洲和辽东湾北岸等沿岸为粉沙淤泥质海岸，滦河口以北的渤海西岸属沙砾质岸，山东半岛北岸和辽东半岛西岸主要为基岩海岸。

　　辽东湾是我国纬度最高、结冰期最长的海湾，海底地形自顶端及东西两侧向中央倾斜，东侧水深大于西侧，有辽河、滦河等河流注入。辽东湾内水深大多小于30米，仅有部分海区水深超过30米。辽东湾海底地形平缓，四周向湾中央略微倾斜。辽东湾由若干小湾组成，岸线曲折。从水下地形来看，辽东湾水下沟谷较多，几乎每条沟谷下都有蜿蜒曲折的水下谷地延伸，它们最终都要汇入辽中洼地中。辽东湾的海底地貌至少包含两个时期形成的地貌单元：一是晚更新世末期（距今约1.8万年）露出海面的湾底发生过沙漠化，形成了沙海、沙丘群与黄土分布的环境；二是冰消期来临，发生全球性冰川融化。在海平面升起的过程中，流入辽东湾的大小河流，其上源都存在冰川融水，再加上当年的降水，径流量骤增，在辽东湾留下了很多古河道遗迹。这些古河道形成于海平面升起之前，至今仍被保存在海底，其中以大凌河—辽河口外的水下河谷最为明显。

渤海湾有黄河、海河等河流注入，渤海湾是一个向西凹入的弧形浅水海湾。从河北省北戴河至南堡为沙岸，从南堡南下经黄河口到山东莱州虎头崖一带为淤泥质海岸。渤海湾的海底地形从湾顶向渤海中央倾斜，湾内水深较浅，一般均小于20米。由于黄河和海河携带物在此沉积，造成在渤海湾形成我国规模最大、岸线最长的淤泥质海岸。渤海湾和辽东湾之间有一条砂质沉积带，该沉积带作为明显界限将两湾的沉积物分开。渤海湾的海底地貌可以分为两大类：一是侵蚀性；二是堆积型。侵蚀性海底地形主要表现为水下谷地。湾底有两条冰消期形成、至今仍未被覆盖的水下谷地。堆积型地貌主要是由海河、黄河等大量泥沙的输入形成，由于泥沙量较大，渤海湾底形成了面积宽广的海底堆积平原，表层沉积物为泥质粉砂、粉砂质黏土及黏土质软泥。

莱州湾有黄河、小清河、潍河等径流注入，海底地形单调平缓。莱州湾西段受黄河泥沙影响，潮滩宽度明显大于西段。同样由于大陆径流泥沙的大量输入，莱州湾海底堆积迅速，浅滩变宽，海水变浅，湾口距离不断缩短。海底地形简单，水深大部分在10米内，坡度较缓，由南向中央倾斜。莱州湾西岸主要为黄海三角洲海岸，地貌类型简单；而东岸则是沿岸堤和潮滩发育地区。

渤海中央区位于渤海海峡与3个海湾之间，是一个北窄南宽的盆地，水深20~25米，最大水深近30米，盆地中间低洼，东北部稍高。由于渤海四周几乎为大陆所包围，并有泥沙含量较多的黄河等径流注入，泥沙在水动力影响下，除部分沉积在河口和湾内，部分漂移到渤海中央盆地区并沉积下来。所以，渤海中央盆地中的砂质黏土软泥和黏土质软泥主要源于黄河及其他一些大陆径流。

三 渤海水文气象特征

渤海属于半封闭的陆架浅海，东、北、南三面环陆，水文要素受大陆影响显著，加之注入渤海的河川径流等影响，使得渤海的温、盐分布及水文特征，具有相当程度的孤立性和易变性。渤海多年平均气温10.7℃，最低温出现在1月份，最高温出现在7月。平均年降水量500～600毫米。渤海水温变化受北方大陆性气候影响，2月在0℃左右，8月达21℃。渤海还以多雾著称，渤海海雾期出现在4~7月，渤海多雾区分布在渤海东部，平均每年有20~24个雾日。渤海海峡有时出现"海市蜃楼"，且以蓬莱居多。严冬来临，除了秦皇岛和葫芦岛外，沿岸大都冰冻。3月初融冰时还常有大量流冰发生，平均水温11℃。流入渤海的常年河流40余条，主要有黄河、海河、辽河、滦河、双台子河、大凌河、小清河和潍河等，可分为三大水系，分别注入辽东湾、渤海湾和莱州湾，形成三大海湾生态系统。由于大陆河川有大量的淡水注入，又使渤海海水中的盐度是最低的。

作为三面环陆的内海，渤海环流主要是由潮致余流、风生环流和热盐环流组成，环流的变化受制于气候条件，冬强而夏弱。一般认为，渤海环流和水系大体上是由高盐的黄海暖流余脉和低盐的渤海沿岸流所组成。除夏季外，从海峡北部入侵的黄海暖余脉，一直延伸到渤海西岸，受海岸阻挡而后分成南、北两股：北股沿辽西沿岸北上，构成一顺时针的弱环流；南股在渤海湾沿岸转折南下，汇入渤海沿岸流，从海峡南部流出渤海。夏季，注入渤海的辽河冲淡水在东南风影响下，沿辽西沿岸一路南下，而黄海暖流余脉于海峡西北分成两股，一股向东构成逆时针的弱环流；另一股继续西进，于鲁北沿岸汇入渤海沿岸流，然后一并向东流出渤海。

渤海海浪特征四季分明，在冬季风影响下，盛行北向浪。由于冬季强冷空气下通常伴随着大风天气，因此波高为全年最大的季节，其分布由岸向海区中央，由西向东逐渐递减。渤海三大湾口（辽东湾口、渤海湾口、莱州湾口）一带，风浪波高为1.1米，渤海中央及渤海海峡附近，风浪较大，波高为1.6米，平均周期在2.1~3.9秒。春季期间，渤海温带气旋活动比较频繁，风向不稳定，因此，渤海的浪向分布比较零乱，其中偏南向海浪迅速增加，其频率大于偏北向海浪频率。春季期间，波高是全年最小的季节，渤海中部和北部海域出现一个1米的浪区，周期在1.4~3.2秒，其中辽东湾、渤海中部海域的平均周期都为2.8秒；夏季时，由于受地形影响，渤海东南季风不太明显。北部浪多为南向，南部多表现东南向。波高的地域分布比较均匀，在渤海中部海域出现一个1.2米的浪区，和春季相比，1米有效波高的分布区域有所增大，平均周期在1.6~3.3秒变化；秋季时渤海多表现西向、北向波浪。波高比夏季的明显增大，渤海中部靠近渤海海峡海域出现1.7米的大浪区。渤海风浪周期在1.7~3.7秒，其中辽东湾的波浪周期最大，渤海湾的最小。

每年入冬，渤海海域就开始结冰，随着一次次冷空气不断侵袭，特别是强寒潮的爆发和持续，这些海冰覆盖面积越来越明显地扩大，海冰厚度也随之加大。至第二年春季，随着气温的升高，海冰逐渐消融。渤海及其滩涂区域已经发现有丰富的油气资源，但是每年冬季海水冻结和海冰漂移对油气勘探和生产以及海上航运等产生不同程度的影响和灾害。据有关资料显示，渤海冰清已经导致发生多次石油平台倒塌、船舶受损、航运受阻等严重灾害。1969年冬季，渤海发生大冰封，至此，引起人们对渤海冰清的关注。

话说中国海洋国土

图6-3　2010年11月18日，在辽宁省锦州市辽西中心渔港，
几艘渔船被牢牢地冰冻在海里

四　渤海资源特征

渤海虽然面积小、水较浅且水体流动性较差，但仍然是资源和物产非常丰富的海区。渤海地区水文条件良好，有丰富的海洋自然资源，海洋开发条件极为优越。渔业、港口、石油、旅游和海盐是渤海的五大优势资源。渤海水质肥沃，河

图6-4　可爱的斑海豹

流和由河口形成的湿地不断提供丰富的营养物质，饵料生物十分丰富，营养盐含量高，浮游生物繁茂，十分有利于海洋生物的繁衍生息。三大湾、三大水系的河口浅水区是主要洄游性经济鱼、虾、蟹类的产卵场、育幼场和索饵场。渤海是黄渤海渔业的摇篮，是多种鱼、虾、蟹和贝类繁殖、栖息、生长的良好场所，有鱼类109种，其中主要的有20多种；有无脊椎动物102种，其中主要的有13种。小黄鱼、带鱼、鳓鱼、对虾、毛虾、海蜇及比目鱼等资源都很丰富。对虾、毛虾、小黄鱼、带鱼是最重要的经济鱼类。渤海海域的辽东湾和庙岛群岛还生活着一种海兽，那就是斑海豹，斑海豹是唯一能够在我国海域繁殖的鳍脚类海兽，每年11月到翌年5月，它们都是渤海上一道靓丽的风景线。其中辽宁省盘锦市盘山县小道子老渔港是斑海豹在我国唯一的繁殖地。这里的条件极为适合斑海豹的生存，每年12月份，斑海豹便进入该地区繁殖，翌年的1～2月，雌性斑海豹开始在冰上产仔，5月份以后，斑海豹才开始离开辽东湾。

渤海地理位置优越，拥有众多天然良港。沿渤海一带港口分布密度高，大型港口及能源出口港多，自然地理条件好，经济发达，腹地广阔，资源丰富等优势，是我国北方对外贸易的重要海上通道，具有发达的海洋交通运输业。另外，环渤海区域及邻近区域岸线曲折，海湾、河口多，水

图6-5　北戴河风光

深，为海洋交通运输的发展提供了优良的港址条件。这一地区有十几个重要的港口，主要包括丹东、大连、营口、锦州、秦皇岛、天津、龙口、烟台、东营等港口。其中天津港和大连港都是我国重要的外贸港口。

渤海石油和天然气资源十分丰富，整个渤海地区就是一个巨大的含油构造，滨海的胜利、大港、辽河油田和海上油田连成一片,渤海已成为我国第二个大庆。2007年，在渤海又发现了储量为10亿吨的大油田。

渤海是我国最大的盐业生产基地，盐业资源十分丰富，适宜发展海洋盐业。渤海地区沿岸具有滩涂广阔、蒸发量大、降水量小等地形、底质、气候自然条件，极其适合盐业生产的发展。我国四大海盐产区中，渤海就有长芦、辽东湾、莱州湾三个。莱州湾沿岸地下卤水储量丰富，达76亿立方米，折合含盐量8亿多吨，是罕见的储量大、埋藏浅、浓度高的"液体盐场"，为制盐和盐化工生产提供了优质的原料。

渤海沿岸自然风景优美，名胜古迹众多，充分具备了以阳光、海水、沙滩、绿色、动植物为主题的温带海滨旅游度假资源条件。该地区夏无酷暑，冬无严寒，沿岸地质地貌形态多样，自然景观与人文景观配置有序，岛陆隔海相望，山海相连，旅游度假资源丰富。再加上优越的区位条件和强大的经济力量，使渤海地区成为理想的度假场所。

渤海地区还拥有极其丰富的海洋能资源，主要是潮汐能。渤海沿岸潮差不同，辽东湾顶部潮差最大，营口地区可达2.7米，是整个渤海沿岸潮差最大区；渤海湾顶部潮差次之，其他岸段潮差较小。辽宁沿海平均潮差2.57米，可以发电16.1亿千瓦时；山东沿海平均潮差2.36米，可发电2.92亿千瓦时；河北、天津沿海平均潮差1.01米，也能适当发电。海洋能属于洁净、无污染的新能源，其开发利用前景广阔。

图片来源:

[1] 图6-1 http://bayi1966.blog.163.com/blog/static/16853342520111129111973
81/渤海示意图

[2] 图6-2 http://henan.sina.com.cn/travel/message/2013-03-26/0600-59244_4.
html "长岛人歌、蓬莱梦境" ——山东长岛县庙岛列岛主岛南北长山岛

[3] 图6-3 http://news.xinhuanet.com/photo/2010-01/18/content_12833198.htm
2010年11月18日,在辽宁省锦州市辽西中心渔港,几艘渔船被牢牢地冰冻在
海里

[4] 图6-4 http://news.xinhuanet.com/panjin/2012-06/13/c_123277869.htm可爱的
斑海豹

[5] 图6-5 http://www.761.com/2013-07/49698.html北戴河风光

第七章 >>
黄海海洋国土

一　黄海区位划分

图7-1　黄海

　　黄海，顾名思义，因其海水呈现浅黄色而得名。黄海之所以呈现浅黄色，这是由于古时候黄河流入，江河搬来大量泥沙，使海水中悬浮物质增多，海水的透明度变小的缘故。这也就是说黄海这一称谓与黄河有密切联系。黄海位于我国大陆和朝鲜半岛之间，与渤海类似，也是三面被陆地包围的半封闭浅海，西面和北面与我国大陆相接，西为苏北平原，北濒临山东半岛，西北面与渤海相通，东边是朝鲜半岛，北端是辽东半岛。其南部与东海的界限是长江口北角的启东嘴至济州岛西南角之间的连线，东南至济州海峡西侧并经朝鲜海峡、对马海峡与日本海相通。

　　黄海名称的由来与我国历史中长久的战争和朝代的更改密切相关。北宋被灭后，宋朝统治集团被金人驱赶至淮河以南，宋朝统治领域仅剩淮河以南的半壁江山，史称南宋。黄河流域及广大北方都在金国的统治之下，两国形成南北对峙的局面。1128年，为阻止金兵入侵，南宋决黄河之口，夺淮入海。到了元代，黄河在苏北入海已经稳定了100多年，带来了大量泥沙，形成日益明显的黄河三角洲。黄河泥沙在黄海底部堆积，风浪来袭，搅起泥沙，使水色随之发生明显变化。人们根据水色特点加以命名，因此近岸浅水处有"黄水洋"和远岸深水处有"青水洋"之说。由此可知，元朝后期我国的航海事业已经有相当的发展，可以科学描述海洋的一般特征。到了清朝初期，黄海海域被称为"东大洋"，现在的东海区域称为"南大洋"。现今称谓最早出现在晚清末期，那时出版的中国地图中均已为采用现名。可见，"黄海"一词的使用也只是20世纪初期以后的事情。

按自然地理特征，黄海又被分为南、北两部分。我国山东半岛深入黄海之中，其顶端成山角与朝鲜半岛长山串之间的连线以北，山东半岛、辽宁半岛和朝鲜半岛之间的半封闭海域为北黄海。长江口至济州岛连线以北的椭圆形半封闭海域称南黄海。黄海南北长约870千米，东西宽约556千米，总面积约38万平方千米。其中北黄海面积约为7.1平方千米，南黄海面积约为30.9平方千米。

黄海岛屿资源丰富，其中长山群岛位于辽东半岛东南部，黄海北部。从地理位置看，长山群岛控制着黄海北部，掩护辽东半岛，对捍卫我国东北具有十分重要的军事价值，历来是兵家必争之地。历史上，长山群岛附近发生多次海上战争，中日甲午海战时，长海海域就是主战场；日俄争夺旅顺口时，日本舰队就停泊于此。解放战争期间，东北解放军就是从长海转战到东北战场的。新中国成立后长海是我国军事上的八大要塞之一。在未来的反侵略战争中，长山群岛也一定具有重要的战略意义。

图7-2　长海县仙女湖

黄海拥有两个海湾，其一是从鸭绿江口至朝鲜长山串一线以东的海域，称为西朝鲜湾。另一个是从山东省日照市岚山镇佛手嘴至江苏省连云港市高公岛一线以西的海域，称为海州湾。

黄海平均水深为44米，其最大深度位于济州岛北面的海岩屿东面。对南、北黄海而言，南黄海平均深度为46米，北黄海平均深度为38米。黄海海水容量约为16823立方千米。

　　注入黄海的河流主要有鸭绿江、大同江、汉江、淮河等。主要沿海城市有大连、丹东、青岛、烟台、连云港等。

二　黄海地质特征

　　黄海的形成可谓历经沧桑，尤其是近10万年来。它忽然海底朝天，绿树成荫；忽而海水入侵，巨浪滔天。在现代文明高度发展的今天，人们开始尝试用现代文明去探索黄海的过去，意图揭示它的演化和奥秘。

　　在距今7万~10万年期间，由于气候温暖，冰雪融化的原因，造成黄海海平面升高，海岸线随之向内陆扩进，因此，那时的黄海面积要比现在的大得多，现今的苏北平原一带都是一片汪洋。科学家通过地质勘探手段，得出古海岸线与现代海岸线的距离，最小的约30千米，最大的约50千米，今天的南通—盐城—连云港一线以东的平原，当时都在海水之下，是黄海的一部分。当全球气候变冷时，海平面下降，海水后退，海域范围缩小。历经数次沧海桑田之变，才有了今日的黄海。

　　黄海海底平坦，为东亚大陆架的一部分。黄海全部在大陆架上，也是一个陆架海。海底宽阔平缓，从我国海岸向外海，以极小的坡度倾斜。北黄海似一个平行四边形的洼地，地势以极小的坡度向南黄海倾斜。西朝鲜湾地形的显著特点是潮流沙脊众多，0~40米等深线呈同步肠状分布，沙脊呈现东北向分布，每条沙脊间隔几千米至十几千米不等，可延伸至几十千米到上百千米。北黄海中部地势平坦，略向南部倾斜，等深线呈现半圆形，其开口朝南。南黄海海底地形的显著特点就是一个由东南向北的长条洼地纵贯整个南黄海，这就是黄海槽。该黄海槽水深在60~80米，北部较深，南部浅，位置偏于朝鲜半岛一侧，形成南黄海东、西方向的不对称性。槽的西侧宽缓平坦，东侧比较陡窄。南黄海东岸、朝鲜半岛多礁石和溺谷，水深处在0~25米，为一片水下台地，江华湾、许州群岛附近和济州岛以西海域均为肠状的沙脊地形。黄海槽在黑山岛附近改变走向，转向东南，最终通往东海的冲绳海槽北部。在济州岛西部，有几十条沙脊和海沟出现。黄海西部的苏北岸外，自海州湾往南至长江口一带，是一片广阔的浅水区，并有一些水下三角洲。北部为废黄河三角洲，地势平坦，水深较浅，为10~20米。中部为苏北浅滩，水深0~25米，以弶港为中心，呈辐射状向外延伸，系一片低潮时露出水面的沙洲和水下沙脊群。沙脊群基本反映了潮流沙脊的地形。南部为长江现代水下三角洲的外侧区，坡度较缓，水深不足10米，并有几个水下岩礁存在其中，如苏岩礁、虎皮礁等。它们与济州岛联成一条东北向的岛礁线，构成黄海与东海的天然分界线。黄海大陆架与东海大陆架连成一体。

北黄海平均水深为38米，整个北黄海海底地势皆朝南黄海倾斜，最深点出现在南北黄海交界处，深度可达80米。南黄海有一宽浅谷地纵贯南北，且北浅南深。由于该海槽位置偏向朝鲜半岛一侧，造成南黄海地形东西不对称，东陡西缓，这也就造成黄海沉积物主要来自我国大陆。

黄海表层沉积物为陆源碎屑物，局部地区有残留沉积。自岸向海沉积物由粗到细呈带状分布。沿岸区以细沙为主，间有砾石等粗碎屑物质。东部海底沉积物主要来自朝鲜半岛，西部来自于黄河和长江的早期输入物，中部属于黄海深水区，其底质是以泥质为主的细粒沉积物，主要是黄河输入的物质。粗、细沉积物之间有宽窄不等的粉砂质沉积。

三　黄海水文气象特征

黄海地区的水文受大陆影响较大，温盐特征因区而异，季节变化和日变化较大，具有明显的陆缘海特性。由北向南，由海区中央向近岸，温度和盐度都几乎均匀地降低，海区的东南部，表层年平均温度为17℃，一般情况下盐度在32.0以上；北部鸭绿江口，表层年平均温度小于12℃，盐度一般小于28.0，为全海区盐度最低海域。冬季时，黄海暖流强度增加，高温高盐水舌一直可深入黄海的北部，温度和盐度梯度较大，近岸区域温度和盐度较低，中部较高。温盐的垂直分布从上到下均匀一致。夏季时，上层海水吸收太阳辐射量大，温度上升至最高，在淡水入海量增加、热膨胀系数增大等原因影响下，全海域盐度普遍降低。海水表层温度南部略高于北部；近岸区域多出现孤立的弱低温区域。黄海中部表层盐度约31.0。径流入海口处，盐度偏低，例如，鸭绿江口和长江口，这些地方常形成低盐水舌，尤其是长江口处，其形成的低盐水舌可影响到南黄海西部。

黄海水域中存在水团，按其理化性质，可以分为三类：沿岸水团、黄海中央水团和南黄海高盐水团。沿岸水团系指黄海沿岸20～30米等深线以内的海域，入海江河淡水与海水混合，形成了辽南沿岸水、鲁北沿岸水、苏北沿岸水和西朝鲜沿岸水。该水团特征是：盐度终年较低，海水混浊，透明度小，温、盐度的季节变化大。在水平范围上，该水团夏大而冬小；在垂直范围内，却是夏浅而冬深。黄海中央水团分布在黄海中央水下洼地区域，其南端可进入东海。它是由进入大陆架浅海的外海水与沿岸水混合后，在当地水文气象条件的影响下形成的混合水团。冬半年水团呈垂直均匀状态，温度为3℃～10℃，盐度为32.0～34.0。夏半年由于增温降盐作用，黄海中央水团明显地分为上、下两层。上层为高温低盐水，厚度为15～35米；下层为低温高盐水，称为"黄海冷水团"。两者之间存在明显的跃层。黄海冷水团是以低温为主要特征的水体，出现于夏季。该水团其实是冬季残留海底洼地中的黄海中央水团。在增温季节，相对温度变化剧烈的表层水和沿岸水，其温度相对较低，故称为冷水团。

黄海大部分区域为规则半日潮，只有少数区域为不规则半日潮。黄海东部地区潮差大于西岸地区。东部潮流流速大于西部，强潮流区位于朝鲜半岛西端的一些水道，其最高流速可达5.0米/秒；其次为西北部的老铁山水道，最大潮流可达2.5米/秒以上，其他地区也有强潮流区分布。

黄海北部一般以风浪为主，而涌浪多见于南部。从9月至翌年4月，北部多西北浪或北浪，南部以北浪为主。6～8月，北部多东南浪或南浪，南部以南浪为主。风浪秋冬两季最大，浪高常有2.0～6.0米；当强大寒潮过境时，浪高有时达3.5～8.5米。春、夏季风浪稍小，一般为0.4～1.2米。如有台风过境，浪高则可达6.1～8.5米。大浪出现在成山角和济州岛附近海区。黄海的涌浪，夏、秋季大于冬季，浪高一般多为0.1～1.2米，受台风侵袭时，可出现2.0～6.0米的涌浪。

黄海潮汐、潮流以半日潮为主。潮差以朝鲜半岛西岸为最大，如西朝鲜湾和江华湾顶最大可能潮差达8米以上，仁川港达10米之多。黄海中央及山东半岛北岸，最大可能潮差在2～3米。辽南沿岸、山东半岛南岸及苏北沿岸，最大可能潮差为4～7米。黄海东岸潮差大于西岸潮差，其原因有以下两点：一是地形原因；二是地球偏转力的影响。

总的来讲，黄海海流微弱，流速只有最大潮流速度的十分之一左右。表层流受风力制约，具有风海流性质。黄海环流主要由黄海暖流（及其余脉）和黄海沿岸流所组成。黄海暖流和黄海沿岸流的基本流向终年比较稳定，流速皆有夏弱冬强的变化。

由于受季风的影响，黄海冬季寒冷而干燥，夏季温暖潮湿。10月至翌年3月，多为偏北风，并常有冷空气或寒潮入侵；4月季风交替季节，风向不稳定；5月，偏南季风开始出现；6～8月，盛行南到东南风，常受来自东海北上的台风侵袭。黄海平均气温1月最低，为-2℃～6℃，8月最高，平均气温全海区25℃～27℃。年平均降水量南部约1000毫米，北部为500毫米；6～8月为黄海雨季，其降水量可达全年降水量的一半。黄海区域冬、春季和夏初，沿岸多海雾，尤其以7月最多。其中山东半岛的成山角年均雾日为83天，最多一年达96天，最长连续雾日有长达27天的记录，有"雾窟"之称。

每年冬季，黄海北部在冷空气影响下，会出现结冰现象。

四 黄海资源特征

黄海地处温带，海洋渔业资源十分丰富。黄海海洋生物以温带种占优势，也有一定数量的暖水种成分。海洋生物中，以游泳动物占主要地位，共300余种。主要经济鱼类有小黄鱼、带鱼、鲐鱼、鲅鱼、黄姑鱼、鳓鱼、太平洋鲱鱼、鲳鱼、鳕鱼等。此外，还有金乌贼、枪乌贼等头足类和鲸类中的小鳁鲸、长须鲸和虎鲸。同时，黄海海区还有丰富的浮游生物资源、底栖生物资源和经济贝类资源。浮游生物以温带种占优势，一年之内，出现春、秋两次高峰。最主要的浮游生物资源是中国毛虾、太平洋磷虾以及海蜇等。黄海底栖生物资源量丰富，具有食用价值的主要是软体动物和甲壳类。其经济贝类主要有牡蛎、扇贝和鲍鱼等。虾蟹资源包括对虾、鹰爪虾、褐虾和三疣梭子蟹等。底栖植物资源主要是海带、紫菜和石花菜等。

黄海生物种类多，数量也极为丰富，已经形成烟威、石岛、海州湾、连青石、石东和大沙等良好渔场。黄海是我国江苏以北各省、市的主要捕鱼区域，除我国外，韩国、朝鲜和日本等国渔船也在黄海海域捕鱼。

黄海沿岸地势平坦，面积广阔，十分适合晒盐，是我国重要的海盐产地。例如著名的长芦盐区、烟台以西的山东盐区以及辽东湾一带都是我国重要的盐产地。盐区生产还能带动制碱、制酸、制肥、建材等一系列海洋化学、化工产业。黄海沿岸富饶的生物资源和化学资源，已经极大地促进了沿海省市海洋制药业、海洋保健品业和海洋食品业等行业的兴起与发展。黄海沿岸滨海矿砂资源也很丰富，现已进行开采。其中山东半岛近岸已经发现丰富的金刚石、锆石、钛铁矿、独居石、金红石、磷钇矿等。南黄海海盆的地质构造对油气生成和存储十分有利，具有很好的油气资源远景。

黄海沿岸有富饶的风能资源，海区波浪能资源量估计可达 4.7×10^{10} 千瓦，潮流能蕴藏量可达 5.5×10^7 千瓦。夏季时黄海冷水团与周边海水存在明显的水温差异，是很好的温差能储存区。

图7-3 威海市环海大道上的风机

黄海沿岸分布有辽宁、山东、江苏三省，旅游资源丰富。其中大连、青岛、日照、连云港都是我国著名的旅游城市。其中，大连的地质地貌类型多样，向斜和背斜褶皱地貌均可在此找到，沿海一带的海蚀地貌发育十分典

图7-4 "碧海、蓝天、绿树、红瓦"的青岛

型，各种海蚀平台、海蚀桥、海蚀洞、海蚀崖等地貌形成了大量奇异的礁石风光。青岛也是我国著名的旅游城市，其"碧海、蓝天、绿树、红瓦"的真实写照更是享誉全国。

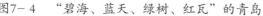

图片来源：

[1] 图7-1 http://teacher.3xy.com.cn/picturelist.aspx?chapteried=10000黄海

[2] 图7-2 http://www.liketrip.cn/changshanqundao/jieshao/长海县仙女湖

[3] 图7-3 http://www.gmw.cn/01gmrb/2009-12/09/content_1018447.html 威海市环海大道上的风机

[4] 图7-4 http://www.nipic.com/show/1/62/b4a93a73956f52e5.html"碧海、蓝天、绿树、红瓦"的青岛

第八章

东海海洋国土

一　东海区域划分

东海，顾名思义，"我国东面的海区"，是我国三大边缘海之一，也称东中国海，是指我国东部长江口外的大片海域。该海区北接黄海（长江口北侧启东嘴与韩国济州岛的连线为界），向南经日本的九州岛、琉球群岛和我国的台湾地区连线与太平洋相隔，西靠江苏省南部、浙江和福建三省，东向以济州岛经五岛列岛至长崎半岛南端的连线为界限。

东海名称的由来与中华民族的母亲河——黄河有着密切关系，黄河发源于青藏高原，自东向西横贯我国之后，由江苏省北部入海，因而古时把黄河流入的海统称为"东海"。秦朝时期，统治者在今江苏连云港市设立东海郡的朐县，并在海州湾内的秦山岛上立了石碑，以此作为秦国的东边大门标志。之后朐县历经海州、东海郡等名的改动，可见，在古时即使现今的黄海也是东海的一部分。从"东海"名称的演变来看，战国时期就已经出现东海之名，直至清朝，东海被一分为二，北部被称为"东大洋"（相当于现今的黄海）、南部被称为"南大洋"（相当于现在的东海）。现今的东海之称，还是20世纪初得以确定的。

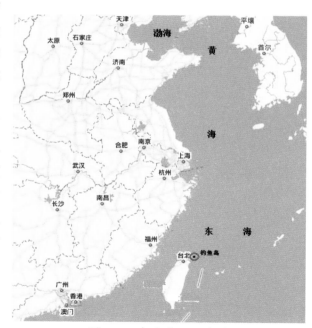

图8-1　东海地理示意图

东海整个海区介于北纬21° 54′～33° 17′，东经117° 05′～131° 03′。东北—西南方向长1300千米，东西宽750千米，整个海域面积约77.4×10^{4}平方千米，平均水深370米，最大水深处位于冲刷海槽的西南部中琉界沟内，水深达2719米。东海海水容积为286293×10^{4}立方千米。

东海海岸北起长江口北岸，南至广东省南澳岛，包括江苏省南部、上海市、浙江省及广东省北部部分海岸，全长约有5800千米。浙闽沿岸由一系列大小不等的港湾组成，其中东海西北角的杭州湾是最大的海湾，该湾位于浙江省北部、上海市南部，西起海盐县澉浦长山至慈溪、余姚交界的西三厢，东至上海市浦东新区芦潮港至镇海甬江口连线为界。杭州湾东西长90千米，湾口宽约100千米，面积约5000平方千米。

岸线以外，还发育有众多的岛屿，我国沿海岛屿约有60%分布在该区，主要有台湾岛、舟山群岛、澎湖群岛、钓鱼台列岛、崇明岛、厦门岛等。其中台湾岛是我国第一大海岛，舟山群岛是我国最大的群岛，而崇明岛为我国第一大冲积岛。东海东部边缘上的琉球群岛一带岛屿更多，数量近百个。由大陆流入东海的江河，长度超过百千米的河流有40多条，其中长江、钱塘江、瓯江、闽江四大水系是注入东海的主要江河。

东海战略位置显著，对我国国防安全和经济发展具有重要作用。作为海上"不沉航母"的海岛战略意义更是重大：

台湾岛及其周围的小岛，位于东海和南海之间，是西太平洋航线上的交通要塞，是我国东南大陆的海上屏障和通往太平洋的重要门户，也是亚洲东部海上交通咽喉，台湾对于我国的国防战略意义重大。从地理位置上看，我国台湾和海南就像是支撑"雄鸡"的两只"脚"。鉴于该区域十分重要的战略地位，因此，历史上外国侵略者曾多次占领台湾。

舟山群岛地处东海，东临太平洋，西接长江口，是上海和华东地区的门户，战略位置十分重要。在列强侵略我国华东地区的历史中，多次由舟山地区登陆我国大陆。同时，舟山地区地处我国海域中间部位，上可进黄海，下可入南海，战略地位也十分重要。

此外，东海地处我国海上交通中枢和长江的出海口，并且是亚洲东部各国航运要冲。东北有朝鲜海与日本相接；东有琉球群岛诸水道与太平洋沟通；西南有台湾海峡与南海相通；日本九州岛南部的大隅海峡是东海出

图8-2　舟山群岛一景

入太平洋的重要水道。东海的优良港湾很多，如上海港位于长江下游黄浦江口，航道深阔，水量充沛，江内风平浪静，宜于巨轮停泊。

渤海、黄海和东海处在我国大陆的东边，所以又统称为东中国海。

二　东海地质特征

与我国大陆地形类似，东海的海底地形西北高、东南低，由西北向东南倾斜。按照海底地形趋势，可将东海分为两个区域：西北大陆架浅水区和东南大陆架深水区。东海大陆架特别发育，崇明岛附近至男女群岛一线属于东海大陆架最大宽度地带，其陆架长达640千米，该陆架也属世界最宽陆架之一。东海大陆架面积为52.99万平方千米，占东海总面积的2/3左右。东海大陆架东北与朝鲜海峡相连，西南与南海大陆架相接，具有北宽南窄和北缓南陡的特点。

根据等深线分布特征，也可将东海大陆架分为东、西两部分。该划分是以50~60米等深线为依据进行的，西部称为内陆架，岛屿林立，三角洲覆盖其上，水下地形复杂多样，坡度稍陡；东部为外陆架，地势平坦开阔，只在其东南边缘处有一些水下高地、岛屿和岩礁。

东海大陆架平坦广阔，发育有多种海底地形地貌，其中主要有：三角洲、岸坡、陆架平原等。在东海大陆架北部、长江口以东，有一呈扇形的巨大水下三角洲——古长江水下三角洲，东北方向扩展到20~25米水深，东南方向扩展至水深60米左右，南界达30°N附近。水深25~40米以内的是三角洲平原，平原上发育有一些呈发射状的水下谷底和浅洼地。东海陆架上还存在一个现代长江水下三角洲，它和古长江水下三角洲相交重叠，构成复式三角洲地形，水深在10米左右。东海还存在我国近海最大的一片潮流沙脊群，该沙脊群位于水深60~100米处，呈西北—东南走向，长达10~160千米，宽2~8千米。

东海大陆架外缘便是大陆坡，其范围南起台湾东北端，向东北延伸至五岛列岛福江岛以南，长度超过1000千米，宽约40~50千米，北宽南窄，水深上下界不同，上界水深140~160米，下限为600~1400米。大陆坡呈弧状向东南突出，陆坡的主体是冲绳海槽。海槽的西侧为东海大陆坡斜坡，东侧为琉球群岛岛坡。海槽大体上为长条形带状洼地，为半深海弧后盆地。就总的轮廓来说，海槽底部地形平坦，但槽底有许多海丘和海底火山，地形起伏明显，水深变化较大。海槽南部宫古岛的北部有最高的海丘，相对高度可达1200米，海槽的地形，在南部边缘地带变得起伏不平，其中部地形较为平坦。海槽西坡上发育有多级阶梯状地形，海槽东坡的地形变化比较复杂，有断崖、海底低谷、海丘等，它们沿着群岛西坡呈弧形分布，若露出水面即为琉球群岛的一部分。显而易见，琉球群岛是东海陆架海与西北太平洋的天然界线。总的来看，冲绳海槽的断面具有盆形特征，北部水深在500~1000米，中部在700~1500米，而南部水深在1000~2000米，个别区域还大于

图8-3 东海海底地形

2000米。由于长江属于比较年轻的河流，因此在冲绳海槽的西岸坡上没有发现类似长江三角洲的地貌单元。

东海的轮廓、地形及水文特征与黄、渤海不同，所以东海的沉积物分布与黄、渤海有着本质的差异。东海的软泥沉积物很少，砂质沉积物分布很广。在长江口和杭州湾一带，沉积物类型比较复杂，变化也很大，分选度差，这里主要是粉砂和粉砂质黏土软泥。舟山以南沿岸的沉积物分布呈与海岸相平行的窄长带状。在近岸区域为粉砂质黏土软泥，向外水深20～50米，则为黏土质软泥，再往外为粒度较粗的粉砂和粗砂。

三 东海水文气象特征

与渤海和黄海相比，东海有较高的水温和较大的盐度，潮差6~8米，水呈蓝色。东海近海区域受江浙沿岸水影响，水温有规律地由北向南递增。海水温度平均9.2℃，冬季南部水温在20℃以上。在东海东南部，夏季水温在25℃~30℃，冬季水温在21℃~24℃。东海夏季时盐度为31~32，东部为34；冬季时，近岸处盐度最低可至31以下，黑潮区则高达34.7以上。因东海位于亚热带，其年平均水温20℃~24℃，年温差7℃~9℃。

东海海区纵跨副热带和温带。冬季主要受亚洲大陆高压的控制，盛行偏北风，风向稳定，风力强劲；春季为季风转换期，风向多变，风力较弱；夏季主要受我国东南部低压和太平洋西北部高压的影响，多偏南风，大部分时间风力较弱；秋季与夏季类似，同属季风过渡期，但是过渡期较短。冬、夏季节还经常分别受寒潮和台风的影响。重要的天气系统有冷空气、温带气旋和热带气旋。东海冬春季多东北、北、西北风，夏季多东南、西南风；7~9月为台风较多的季节。每年5~9月，风从海洋吹向陆地，气候湿热多雨；10月至次年4月，风从大陆吹向海洋，气候干燥寒冷。

东海区海雾的分布具有近岸多，远岸少；西北多，东南少的特点。3～6月为东海雾季，雾季是自南向北依次相继开始的，之后按同样的次序结束。东海9月、10月份海上基本没有雾，是海上能见度最佳的季节。

东海的潮汐类型分布与黄、渤海的稍有不同，主要表现在东、西两部分存在明显的差异。从南澳岛开始，从东到高雄以北的永安附近连线，然后再从台湾岛东北角开始至济州岛西南端连线为界，该线以西为陆架区，除镇海、舟山群岛附近为不规则半日潮类型外，其余海区皆为规则半日潮型；该线以东，如济州岛、九州西南及琉球群岛一带，皆为不规则半日潮类型。东海的潮差分布与黄海的不同，由于东海是一个开阔的边缘海，东海的潮差是由东向西逐渐增大。朝鲜海峡附近潮差最大可达1~3米，九州西岸稍大一些，为2~3米，琉球群岛一带的潮差小一些，仅1.5米。东海西岸浙、闽一带潮差较大，一般为4~7米，如石浦为6.9米，闽江口为5.2米。特别是杭州湾，澉浦的潮差达8.93米，为我国潮差最大的地方之一。台湾海峡的潮差分布是：西岸大于东岸。

东海波浪季节特征显著，冬季时受北风影响，主要波向表现为北向，但是具体到某一海区，还是略有区别。其波高分布：西侧小、东侧大，南部（不包括台湾海峡）又小于北部。南部的台湾海峡，因狭窄效应影响，那里的风浪大，为我国近海冬季风浪波高值中心区之一。冬季风浪波高在1.0~1.5米，最大值为5.0~8.5米，周期在3.0~4.0秒，最大为9.0~11.0秒。冬季期间，东海北部、中部和南部的部分海域最多涌浪向为北向，台湾海峡最多涌浪向为东北向。涌浪分布形势为北大南小，由北往南逐渐递减。涌浪波高在1.0~2.5米，最大值为5.0~8.0米；周期在3.9~7.0秒，最大值为9.0~14.0秒。春季时，东海和台湾海峡正处在东北季风向西南季风转换的过渡时期，风浪向也比较凌乱，以东向、东北向为主，大部分海域风浪波高在1.0米左右，地区差异性较小，周期在2.1~4.0秒，最大值为9.0~14.0秒。春季，东海最多的涌浪向为东、东北、北向。台湾海峡最多涌浪为东北向。波高一般在1.0~1.5米，最大值为5.0~7.0米，周期4.8~6.0秒，最大为11.0~14.0秒。夏季时东海主要受来自太平洋东南季风的影响，东海的海浪浪向以南向、东向居多，台湾海峡最多浪向为南向。总体来讲，夏季的风浪波高比春季的略有增大。东海风浪波高，北、中、南部皆为1.0米，最大值分别为5.0~7.5米、5.0~10.0米和6.0~7.0米，台湾海峡的为0.7~1.0米，最大值为5米。周期在3.0~4.0秒，最大值为8.0~10.0秒。夏季期间，东海最多的涌浪向为东南、南向和西南向。台湾海峡最多涌浪向为西南向。东海涌浪波高较大，其值在0.9~2.0米，最大值为2.0~12.5米，周期在5.0~7.0秒，最大值为9.0~14.0秒。秋季，东海和台湾海峡正处于夏季季风向冬季季风转换时期，11月已由南向、东向浪转变为偏北向浪。最多浪向以北和东北向为主。风浪波高在1.0~2.0米，最大值5.0~10.0米，风浪周期在3.0~4.0秒，最大值8.0~15.0秒。秋季期间，东海最多涌浪为北向和东北向。东海涌浪波高在1.5~2.5米，最大值为5.0~10.5米；周期在5.0~7.0秒，最大值为9.0~14.0秒。

由于特定的地理条件和气候特征的影响，东海的环流的时空变化，表现为若干重要的特殊现象和特征。东海环流中最明显的特征就是黑潮。黑潮是北赤道流在菲律宾吕宋岛东侧向北流动的一个分支，它经台湾东岸的苏澳岛和与那国岛之间的狭窄水道进入东海，其主干大致与陆架最陡线平行。沿冲绳海槽流向九州方向，后在吐噶喇海峡处向东与冲绳列岛以东的西边界流汇合流向日本以南海域，路经东海的这一段被称作"东海黑潮"，是外海流系的重要组成部分。黑潮具有高温、高盐、流幅窄、流速高、流量大的特征，是太平洋一支强的西边界流，主要来源于北赤道洋流，把大量热量从低纬输送到高纬，对我国近海的温盐分布及环流的影响起到至关重要的作用。黑潮自台湾以东流入东海，其流量在不同区域有所变化，也存在季节变化。

除黑潮外，东海还存在台湾暖流和对马暖流。台湾暖流是指沿闽浙近海至长江口以南海域自西南流向东北的一支海流，它具有高温、高盐性质，流向终年偏北。台湾暖流几乎控制了东海陆架大部分区域的水文状况，它是闽浙近海海流的主干，位于东海沿岸流的东侧。对马暖流是源于东海东北、济州岛南部海区，其主流常年经对马海峡进入日本海。这支海流的季节变化明显，显示出夏强冬弱的特点。传统认为对马暖流是东海黑潮的一个分支，是九州西南海域从黑潮主干中分离出来，然后向北流动进入朝鲜海峡的一支海流。

东海沿岸流是我国沿岸的主要流系之一，其流向随季风变化，夏季偏南风期间，它沿岸北流，流幅较宽，流速较强。冬季偏北风期间，它贴岸南流，流幅大减，流速较弱。

四 东海资源特征

东海地处亚热带和热带，水体温暖，又有长江、钱塘江、闽江等江河流入，带来丰富的营养物质，利于浮游生物的繁殖和生长，是各种鱼虾繁殖和栖息的良好场所，也是我国海洋生产力最高的海域。据统计，东海海区渔业资源种类可达800余种，其中经济价值较大，具有捕捞价值的鱼类40~50种。带鱼、

图8-4 大陈岛的风机

大黄花、小黄花是三种最主要的传统性经济鱼类。此外，东海还盛产马面鲀、鲐鱼、蓝面鲹、乌贼等。

东海大陆架是我国大陆领土的自然延伸。大陆架蕴含着非常丰富的水产、石油、天然气以及稀有矿产资源。东海区域构造分布方向为东北—西南向，自西而东可划分为浙闽隆褶区、东海陆架盆地、钓鱼岛隆褶带、冲绳海槽盆地和琉球隆褶区5个一级构造单元。现有的油气地质研究与勘探实践表明，东海海域蕴藏有丰富的油气资源，具有广阔的油气勘探前景。东海大陆架的含油气区，可以分为西湖凹陷、温东凹陷、钓北凹陷、台湾浅滩4个盆地。近年来，我国东海油气勘探先后在东海大陆架发现了平湖、春晓、残雪、断桥、天外天等7个油气田和一批含油气构造。

东海的滨海矿砂主要分布在我国福建沿海和台湾西海岸，其中福建南部海区至广东东部海区是我国优质石英砂主要产地，已经探明的工业价值的砂矿床20余个，矿体厚度大、品位高（多在95%以上）、埋藏浅、易开发，可不经选矿直接应用。

东海海域拥有丰富的海洋能资源，如风能、潮汐能、海流能、波浪能等。其中，浙江的江厦潮汐电站是我国目前为止最大的潮汐电站，该电站1980年开始发电，设计装机容量为3900千瓦，现装机容量为3200千瓦。

浙江大陈岛是我国唯一一个电力能源可以自给自足并有富余的海岛，该岛利用丰富的风能资源发电，截至2011年，34台单机容量750千瓦的风力发电机组不但解决了大陈岛的电力需求，还为陆上提供源源不断的清洁能源，缓解陆上用电紧张。

图8-5　钱塘江大潮

东海旅游资源丰富，沿海旅游城市有上海、厦门、杭州、舟山群岛等。其中杭州湾钱塘江大潮是我国历史上最著名的涌潮，也是世界上三大涌潮之一，钱塘江大潮的壮丽景观每年吸引很多的人前来观赏。舟山群岛岛礁众多，星罗棋布，相当于我国海岛总数的20%，有"千岛之称"，舟山群岛风光秀丽，气候宜人，这里秀岩嶙峋，奇石林立，异礁遍布。著名的海上佛国普陀山、海上雁荡朱家尖、海上蓬莱岱山等都是舟山群岛的著名景点。

图片来源：

[1] 图8-1 http://www.hinews.cn/news/system/2011/11/29/0/3732663.shtml东海地理示意图

[2] 图8-2 http://www.cst123.cn/index.php/News/read/id/10645 舟山群岛一景

[3] 图8-3 http://www.baike.com/wiki/%E4%B8%AD%E5%9B%BD%E7%9A%84%E8%BF%91%E6%B5%B7东海海底地形

[4] 图8-4 http://news.tzdsw.cn/a/2009/12/31/content_256784.html 大陈岛的风机

[5] 图8-5 http://www.baidu.com/search/error.html 钱塘江大潮

南海海洋国土

一 南海区域划分

南海位于我国大陆南方，因而又称为"南中国海"，越南将其称为"东海"，菲律宾称之为"西菲律宾海"，现今国际上的通用名称为"The South Sea of China"。南海是位于东南亚的陆缘海，被我国大陆和台湾本岛，菲律宾群岛、马来群岛及中印半岛所环绕，为西太平洋的一部分。我国汉代、南北朝时称为涨海、沸海。清代以后逐渐改称南海。南海北界为我国台湾地

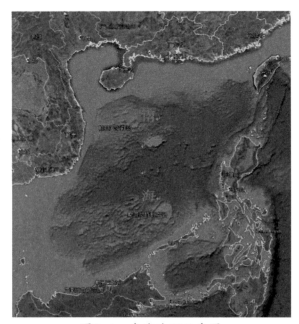

图9-1 南海地理示意图

区、广东省、海南省和广西壮族自治区，东以我国台湾、菲律宾的吕宋、民都洛及巴拉望岛为岸，西至中南半岛和马来西亚，南抵印度尼西亚的苏门答腊与加里曼丹岛之间的隆起地带。南海四周几乎被大陆和岛屿所包围，所以曾有人把南海、地中海和加勒比海称为世界三大"内海"。

南海约位于2°30′S~23°30′N、99°10′~121°50′E。南海外形似一个菱形，长轴为东北—西南向，长约3100千米，短轴为西北—东南向，宽约1200千米。南海面积约350万平方千米，相当于渤海、黄海和东海面积总和的2.8倍，在世界十大边缘海中仅次于珊瑚海、阿拉伯海，名列第三位。南海南北纵跨17个纬度、东西横跨11个经度，分布着大大小小600多个岛、

礁、沙、滩，这些岛、礁、沙、滩大部分被淹没在水下，其中有超过200个无人居住的岛屿和岩礁，这些岛礁被合称为南海诸岛。根据我国主张，南海海域属于我国管辖范围的也就是九段线之内的有210万平方千米左右。

南海是亚太地区面积最大、周边国家和地区最多的海区，位于太平洋和印度洋之间。南海水深海阔，面积大，平均深度是1212米，最深处有5567米。在海区中部，水深超过4000米，为南海的深海盆地或深海平原。

南海岛屿众多，多数为珊瑚岛，其中海南岛是南海最大的海岛，也是我国第二大海岛。除海南岛外，在广袤的南海中还散布有许多大小不等、由珊瑚礁构成的岛、洲、礁、滩、暗沙，依地理位置不同可将其分为四大群：北群称为东沙群岛、西群称西沙群岛、中部一群称中沙群岛，南部一群称为南沙群岛，合起来统称为南海诸岛。南海诸岛向来就是我国的固有领土，为我国南海海防的前哨，这些群岛扼太平洋和印度洋间的海上要冲，在国防、航运、海洋资源开发等方面都具有十分重要的意义。南海诸岛中已命名的暗礁有113座，暗沙60座，暗滩31座，岛屿35座，还有以"岩"或者"石"命名的6座。沿海和岛屿附近有大量珊瑚礁，河口和海滩生长有红树林。注入南海的主要河流有珠江、韩江以及红河、湄公河和湄南河等。南海终年高温高湿，长夏无冬。南海盐度最大为35，潮差2米左右。

南海有两大海湾：北部湾和暹罗湾。北部湾位于南海西北部，形如新月。湾的北岸为我国广东、广西，东临广东雷州半岛和海南省，西濒越南，南以我国海南省莺歌海角与越南末角的连线为界，湾口宽约227.5千米，面积约12.7万多平方千米，是一个深度小于100米的浅海盆地。暹罗湾位于南海西南部，三面也被陆地包围，仅东南以开阔的湾口与外海相连，湾口从金瓯半岛金瓯角至马来半岛附近连线为界。面积23.9万平方千米，是南海最大的海湾。湾内大部分水深不足50米，也是一个半封闭的内陆浅海。

南海沿岸国家有中国、菲律宾、文莱、马来西亚、印度尼西亚、新加坡、越南、柬埔寨和泰国等。

南沙群岛战略地位十分重要，处于越南金兰湾和菲律宾苏比克湾两大海军基地之间，扼太平洋至印度洋海上交通要冲，为东亚通往南亚、中东、非洲、欧洲必经的国际重要航道，也是我国对外开放的重要通道和南疆安全的重要屏障。在我国通往国外的航线中，大部分通过南沙群岛海域，60%外贸运输从南沙经过。作为我国第二大岛的海南岛，位于我国南海，控制着东海进入太平洋、印度洋的海上航线，同时，海南岛还是我国南海诸岛的后方基地，也是我国华南地区的海上堡垒和防御屏障。

南沙群岛、东沙群岛、西沙群岛是南海的三大岛群，地理位置十分重要。南海诸岛地处太平洋与印度洋海上航线的要冲，我国华南各港口与新加坡、菲律宾的三角航路的中途，有多条航线经过这些群岛区域。南海诸岛在战时可以用于部署兵力，扩大防御纵深。同时，南海诸岛还是我国了解南海形势的前哨。

二　南海地质特征

图9-2　南海地质环境

南海面积广阔，其海底地形也丰富多彩。南海大陆架非常宽广，大陆架、岛架面积大约168.5万平方千米，占南海总面积的一半左右。南海陆架主要分布在北、西、南三面，其中西南部陆架最宽，北部次之，西部最窄，东南部及东部最窄。我国台湾岛南端至海南岛以南的华南沿岸及越南北部沿岸的浅水区为南海的北部和西北部陆架区，该区地势平缓，陆架长1425千米，宽度为190~280千米，最宽310千米，东部窄、西部宽。在沿岸各大河流的河口处，均有水下三角洲发育。北部湾是一个水深100米的浅海水域，平均水深约40米，全部位于大陆架上。该湾地形类似于渤海，北部和西部较浅，中部和南部较深。湾内海底地势由西北向东南倾斜，海南岛西南近海为最深处，水深可达90多米。南海西部陆架从北部湾南部湾口起，往南延伸到加维克群岛附近，呈现狭长带状，其南北端陆架较宽，中间较窄。南海南部陆架呈东北—西南走向，宽度一般在300千米以上。海底平坦，南海的大陆坡、岛坡面积约126.4万平方千米，占南海总面积的1/3。大陆坡分布在水深150~3600米，呈阶梯状下降，约从150米开始，海底坡度明显变陡，由平坦的大陆架变成陡坡，并间隔有深沟。在1000~1800米深处，地形较缓，成为断续相连的平坦面，宽达数百千米。在平坦面外侧，又为急剧陡坡，至水深3600米附近，大陆坡终止，到达南海深海盆地。可将环绕在深海盆地的陆坡分为北陆坡、西陆坡、南陆坡和东陆坡四个区域。南陆坡、西陆坡和北陆坡都很宽阔，东陆坡狭窄，这是南海大陆坡的特征之一。北陆坡地形以陡坡和缓坡相间排列，并由西北向东南呈阶梯状下降。陆坡上有起伏的平原及隆起的暗礁。西陆坡的北界为西沙海槽，南界为南沙西缘海槽。宽度上而言，南窄北宽，地形复杂，具有显著的阶梯状，坡度较大。我国的西沙、中沙群岛就分布在西陆坡。西陆坡有许多水下峡谷，把阶梯状陆坡分割成许多地块。南陆坡西起南沙西缘海槽，东至马尼拉海沟南端，长约1000千米，也呈阶梯状下降，海底崎岖不平，切割强烈，海山、海台、海槽、海谷纵横交错。陆坡中部有一海底高原，水深1000~2000米，我国的南沙群岛即位于这个高原的山脊上。因为地形复杂，水深变化多端，成为航海的"危险地区"。东陆坡位于吕宋、民都洛及巴拉望西侧的岛架外缘，呈狭长带状，陆坡范围狭窄，坡度较陡，呈狭窄的阶梯状下降，同时被许多水下峡谷切割，形成众多的海峡和水道。

南海海盆面积约为55万平方千米之多，该海盆位于南海中部，大体以南北向的中南海山为界，分为中央海盆和西南海盆。作为南海海盆的主体部分，中央海盆位于西沙—中沙和南沙群岛的大陆坡之间，纵长1600千米，最宽处达700千米，水深3400~4300米。海底以平坦的平原地形为主，由北向南略有倾斜。海盆中以深海平原面积最大，海山、海丘星罗棋布，

第九章
南海海洋国土

并有深海隆起和洼地。西南海盆长525千米，东北部最宽，由西南逐渐变窄。海盆盆地除平原地形为主外，还有洼地、海山和海丘。

在南海除了陆架、陆坡和海底盆地外，还存在巨大的长条洼地，在南海海底，自北向南依次分布有：吕宋海槽、马尼拉海沟及巴拉望海槽。

南海海底表层沉积物有陆源碎屑沉积、生物沉积、火山碎屑沉积等。在大陆架上，沉积物以陆源物质为主，大陆架内侧的沉积，受河流泥沙的影响较大，而外部沉积属陆源残留沉积。而生物沉积主要分布在大陆坡和深海平原。火山沉积主要分布在深海平原上，但在大陆坡、大陆架上也有少量分布。就此而言，南海的海底沉积物类型比较齐全。

三　南海水文气象特征

南海和南海诸岛全部在北回归线以南，接近赤道，属赤道带、热带海洋性季风气候。南海年平均气温在25℃~28℃，最冷月份平均气温都在20℃以上，最热时极端高达33℃左右，气温虽高，但有广阔的海洋及强劲的海风调节，并无酷热。一年中气温变化不大，温差较小。南海水温水平分布基本特点是：除北部陆架区外，表层平均水温终年在22℃以上，南部海区则在26℃。南海地区雨量充沛，广阔的南海和西太平洋提供了充足的水汽来源。其中台风雨约占1/3。南海地区热带海洋性季风气候非常明显，每年11月至次年3月盛行东北季风；5月至9月盛行西南季风；4月和10月是季风转换时期，风向不定。受其影响，南海的海流也有明显的季风特点，夏天流向东北，冬天流向西南。此外，南海在夏秋两季还常受台风影响。

台风是南海的主要灾害性天气系统，平均每年有10个左右的台风和强热带风暴活动于南海海域。约有半数左右的台风来自菲律宾以东洋面，其余则为南海内所生成。台风暴潮是伴随而来的灾害，从汕头到雷州半岛的广东沿海、越南北部以及菲律宾沿岸等，是台风暴潮的多发区域。

南海海雾较少，主要出现在北部湾和广东沿岸海域。海口年平均海雾最多，也只有41天。南海的海雾期为12月至次年4月，其中1~3月最盛。

南海水温水平分布基本特点是：除北部陆架区外，表层平均水温终年在22℃以上，南部海区则在26℃。所以水温年变幅值自北向南减少。表层水温的水平分布随季节而异，北部湾陆架区的季节变化尤其明显。从总体上说，南海深水区水温的垂直分布趋势是非常一致的，都可以分为上均匀层、跃层、渐变层和下均匀层四部分。由于海面冷却引起的垂直对流及风、浪和海流等动力因素引起的混合作用的变化，上均匀层和跃层的特征参数等，不仅具有明显的季节变化，而且也随海区的不同而异。

南海表层盐度的分布，近岸和外海有着显著的区域差异。近岸海域大多受低盐沿岸水的影响，盐度比较低，季节变化较大。例如，珠江口一带盐度等值线的分布就和珠江冲淡水的扩展方向密切相关：夏季世界低盐水舌由偏南向逐渐转东，秋、冬季则由偏东南向渐次转南和西南，当遇到洪水季节，其盐度可以低至7.0以下。外海深海区表层水温的盐度分布受环流影响较大：冬季，来自太平洋的高盐水舌，经巴士海峡一直向西南伸展；南海中部因东侧补偿流北上，低盐水舌则向东北伸展；夏季时节，西南季风漂流可使南部的低盐水舌向东北扩展，而把海区北部的高盐水挤向北方。即便如此，与东海相比，南海广阔的海域中，其盐度总的分布来说还是相当均匀的，为32.0~33.6。湄公河、珠江等河口冲淡水处盐度较低，受此影响，南海中、西部相应海域的盐度也相对较低。盐度在铅直方向的分布，浅水区域深海区各有特点。浅水海域盐度的铅直分布类似于水温的分布，也具有明显的季节变化。深水海域盐度的铅直向分布，层次较多也比较复杂。

由于受温度和盐度的综合作用，我国南海近海表层的密度，冬季明显大于夏季。北部湾海域盐度最大，南海北部因水温较高，密度可降到24.0上下；南海中、南部水温更高，密度则进一步降低到22.0左右。

南海潮汐类型分布错综复杂，造成这种现象的原因主要有两方面：一是半日潮波输入的潮能远小于全日潮波输入的潮能；二是南海特有的地理条件，使南海海区固有的周期接近全日潮周期而产生共振，造成南海大部分海区的全日分潮振幅大于半日分潮振幅。南海海域几乎没有规则半日潮发生，而是以规则日潮和不规则全日潮为主，且有显著的日不等现象。南海地区潮差比较小，在南海北部，西岸潮差大于东岸潮差。南海中部东、西两侧潮差差异不大，潮差一般在1~2米。唯有南海南部潮差地理分布比较复杂：湄公河口附近，加里曼丹岛西北的达士湾一带，潮差较大，最大时可达4~5米。泰国湾湾顶潮差也可达4米左右。

冬季时期，南海北部、吕宋海峡南部、北部湾北部、南海中部和南部，最多风浪向为东北向，次多向以北向和东向居多。北部湾南部有些特殊，最多浪向为北向，次多向为东南。其波高分布为：东北高、西南低，波高极值由东北向西南逐渐递减，最大值出现在吕宋海峡附近，成为我国近海冬季风浪波高的另一高值中心区。南海风浪波高在0.4~18.0米，最大值为1.0~6.5米。南海最多涌浪向为东北向，但是次多向涌浪较为分散，浪向不定。在此期间，其涌浪波高的分布与东海的不同，高值区出现在南海东北部，然后逐渐向西南递减。波高在1.0~2.3米，最大值为3.5~8.0米。

春季时节，南海西部西侧和吕宋海峡南部，最多浪向为东向，次多浪向为南向。南海北部东侧，最多浪向为东北向，次多浪向为东向。北部湾地区，最多浪向为南向。南海中部最多浪向为西侧表现为南向而东侧表现为东北向。南海南部最多浪向西侧为南向而东侧为东向。南海风浪波高在0.4~1.1米，最大值1.5~4.5米。其周期在3.1~7.3秒，最大为7.0~22.0秒。春季，南海的最多涌浪向因区而异：南海北部和吕宋海峡南部，以东、东北向居多；北部湾海区以南向和东南向为主。南海中部以西南向和东北向较多；南海南部的为南向和西南向。春季涌浪波高在0.5~1.3米，最大值为2.0~4.0米，其周期在3.6~7.6秒，最大值为13.0~22.0秒。

夏季时节，南海盛行西南风，南海的风浪以南向和西南向占优势。南海夏季风浪波高在0.4~1.4米，最大值为1.5~5.0米。其周期在3.2~7.6秒，最大值7.0~22.0秒。涌浪向多为南向和西南向。浪高在0.6~2.1米，最大值为2.0~5.0米。周期在5.1~7.4秒，最大值为13.0~26.0秒。

秋季期间，从9月开始，其东北部首先出现东北向浪，至10月，东北向浪范围扩大到南海中部。到11月，整个南海和北部湾，均盛行东北向浪，次多向浪为北向和东向。其波高在0.4~1.4米，最大值1.5~5.0米。风浪周期在3.2~7.6秒，最大值7.0~22.0秒。秋季时节，南海北部、中部最多涌浪向为东北向，次多涌浪向北部为东向、中部北向。吕宋海峡南部最多涌浪向为东北。北部湾处北部最多涌浪向为东向，南部最多涌浪向为东北向。南海南部最多涌浪向为东北向和北向。涌浪波高在0.8~3.0米，最大值为2.5~7.5米，其周期在4.0~8.0秒，最大值为13.0~24.0秒。

与印度洋北部的季风环流类似，南海是太平洋中季风环流最发达的海域，其总的特点是：西南季风期间盛行东北向漂流，东北季风期间则为西南向漂流。

四 南海资源特征

南海蕴藏着丰富的生物资源。海水由沿岸流系统、暖流系统和混合变性海水系统组成，形成了一个南亚热带和边缘热带的海洋生态系统，因而使得南海生物多样性资源具有种类繁多、习性多样、种群数量变动复杂、资源恢复力较强的特点。其中北部沿岸浅水区，在冬季因受季风环流的影响，有暖温带物种的出现，但是持续时间短，而且年际变化也比较大。海盆深水中生活的浮游生物种类稀少，生物量也很低。南海底栖动物资源和植物资源都相当丰富。南海海洋鱼类有1500多种，大多数种类在西南中沙群岛海域都有分布，其中很多具有极高的经济价值。其中北部海区有750余种，以暖水性为主，暖温带种较少；南部海产鱼更多，有1000种以上之

图9-3 西沙永兴岛

多，均为暖水性，为热带区系。主要经济鱼类有蛇鲻、鲱鲤、红笛鲷、金线鱼、马面鲀、沙丁鱼、大黄花、带鱼、石斑鱼、海鳗、金枪鱼等。除此之外，中国鱿鱼、海蛇、海龟、海豚、鲸类等，除了受到保护、禁止捕捞的之外，也有相当的开发捕捞价值。南海渔获产量巨大，拥有较多渔场，当前主要开发利用的还仅是部分近海渔场，例如，粤东、粤西、北部湾、清澜、西沙渔场等，广阔的外海渔场尚还处于待开发状态。

海龟作为海洋中少有的几种爬行动物之一，分布在热带、亚热带海域，我国的西南中沙群岛是海龟的"故乡"，每年4~8月，大量的海龟随着暖流从邻近海域进入南海，在西南中沙群岛的岛屿礁滩交配，爬上沙滩产卵。龟有较高的经济价值，肉和蛋都可食用，味道鲜美，营养丰富。龟板、龟血、龟掌、龟油等都有良好的药用价值。长期以来，海龟都是西南中沙群岛的主要特产之一，20世纪80年代之后，海龟被我国列为重点保护的海洋动物之一，禁止捕捉。

此外，南海还有丰富的海参、贝类和海鸟资源。世界上可供食用的40多种海参中，西沙群岛就出产20余种。其中白乳参、乌乳参和梅花参最为珍贵。被誉为"参中之王"的梅花参是著名的大型食用海参，体长可达一米之多，营养丰富，是不可多得的滋补品。西南中沙群岛海域分布有250多种海贝，按其用途可以分为食用贝和观赏贝。产量较大的有大马蹄螺、篱凤螺、历来礁等。星罗棋布的南海诸岛枝繁叶茂，花草丛生，气候适宜，周边海域食料丰富，吸引着大批海鸟在此繁衍生长。据统计，生活在南海岛屿上的海鸟共有60余种。最常见的为白鲣鸟、军舰鸟、海鸥、蓝翡翠鸟、锈眼鸟等。

除丰富的海洋动植物资源外，南海岛屿还拥有良好的生物资源。西南中沙群岛岛礁陆地总面积不过10多平方千米，但是由于气候适宜、雨量充沛，生长着200多种高等植物，其中人工栽培的植物近50种。岛上植物具有耐盐、耐高温、耐旱、喜钙、嗜肥的特征。在形成时间较长和面积较大的几个主要岛屿上，都生长有茂密的树林。一般以麻枫桐树组成的纯林为主，称为"热带海岛型常绿林"。

南海海域面积广阔，海底地形复杂，其中拥有良好的资源存储前景。其中西南中沙群岛海域的海底资源量尤为丰富，尤其是海底石油和天然气

图9-4　南海美丽的沙滩

储量巨大。国土资源部地质普查数据显示，南海大陆架已知的主要含油盆地有10余个，面积约85.24万平方千米，几乎占到南海大陆架总面积的一半。南海海域含油气构造200多个，油气田大约有180个，油气储量大概在230亿～300亿吨，乐观估计达550亿吨，天然气20亿立方米，堪称是第二个"波斯湾"。南海石油总量约占我国石油总资源量的1/3，因此，南海海域，仅仅在南海的曾母盆地、沙巴盆地和万安盆地的石油总储量，就将近200亿吨。这个区域里边一半的石油天然气储量，分布在我国所主张管辖的海域之内。在南海海域，近海油气田开发已经初具规模，其中有涠洲油田、东方油田、崖城气田、文昌油田群、惠州油田、流花油田以及陆丰油田和西江油田等等，但更为广阔的南海深水海域尚待开发当中。西沙群岛、中沙群岛的水下阶地也有上千米的新生代沉积物披覆，这些沉积物与我国北部湾、海南岛的新生代沉积物有密切的联系。因此也是大有希望的海底石油和天然气产地。

海底资源还包括有各种金属矿产资源，随着科技的进步和海洋开发的深入，南海海底资源有着非常广阔的开发前景和巨大的利用价值。

南海波浪能资源甚为丰富，据估计可达38.3×10^{10}千瓦，是渤海、黄海、东海三海区波能总蕴藏量的两倍。同时，南海还拥有良好的温差能利用条件：南海表层海水温度全年大都超过26℃，而在1000米深处终年低至5℃左右。作为温差发电的有利条件，南海已经具备了持久、稳定和显著的温差，如能全部开发，估计可开发量量级可达10^9千瓦。

浩瀚无垠的南海和星罗棋布于其中的岛屿沙礁，不仅给人类以"舟楫之便，鱼盐之利"，而且提供了千姿百态、风光宜人的生息环境和奇伟壮观、令人神往的海洋文明。西南中沙群岛散布于热带海洋之中，在大气、海水、海洋生物3个主要自然因素的综合作用下，形成了得天独厚的区域性气界、水界、陆界和生物界各具特色的热带海洋海岛自然景观，加上海底、岸线、岛礁等处保存着历史悠久的"海上丝绸之路"等文物古迹，更具独特神奇的魅力和更富有经济开发价值，是使大陆和近海任何海岛相形见绌、无法替代的自然资源。这种独具优势而又丰富多样的海洋旅游资源，与富饶的海洋水产资源、海洋能源资源一道，构成西南中沙群岛的三大优势，被视为全国各省份无可比拟的资源优势。

图片来源：

[1] 图9-2 http://www.nansha.co/maps/10/nanhai topography.html南海地质环境

[2] 图9-3 http://news.fznews.com.cn/guoji/2008-9-28/2008928_+ve+y_m77153846.shtml西沙永兴岛

[3] 图9-4 http://www.goontrip.cn/showture.php?tourist_routes=2810南海美丽的沙滩

话说中国海洋国土

152

第十章 >>
我国海洋
国土战略

我国既是一个陆地大国，也是一个海洋大国。历史上，我们拥有以陆地文明和大河文明为显著特色、海洋文明穿插其中的五千年文明史。

但是，自工业革命以来，我国的海洋文明止步不前，近代海洋事业发展的起点不如西方发达国家早、水平不如海洋强国高，以致到清朝末年，我们处于被动挨打的地位，最后沦落为半封建、半殖民地的衰弱国家。

伴随着我国民族资本主义的三次热潮兴起，我国的海洋之梦兴起，近代海洋文明发展起来。不仅开始了中华民族的伟大复兴，也走上了近代海洋文明强国之路。新中国成立后，特别是改革开放以来，我国现代海洋事业蓬勃发展，取得了令世界瞩目、令国人骄傲的成就，开始真正走上了现代海洋强国之路。

然而，海洋强国之梦如何实现？海洋强国之路在哪里？怎么走最有效？怎么建设最稳妥？这是我们必须考虑的、必须回答的，这就是我们的海洋国土战略。

一 至关重要的海洋国土战略

关于海洋的认识和决策，应当上升到国家战略的高度来思考。海洋与国家建设、社会发展的诸多方面以及重大问题具有密切的战略关系，国家需要明确的海洋战略，并把海洋国土战略的实施作为一项基本国策。

海洋在我国经济发展中占有至关重要的地位。我国改革开放之后，首先打开的是海上大门，成功地建立了5个经济特区。确定了一批沿海对外开放城市，形成了一个沿海开放带，打破了我国经济与世界经济的彼此分隔，使我国进入世界经济一体化潮流之中，大大促进了我国经济的发展。

发展海洋经济是实现国民经济可持续发展的重要动力源。世界发展至今日，资源问题越来越成为困扰人类社会进一步发展的难题。我国陆地自然资源人均量低于世界水平。在21世纪，与我国国民经济密切相关的主要矿产资源将有一半不能满足需求。已探明的陆地石油资源在不远的将来也会很快枯竭。随着时间的推移，资源矛盾将会越来越突出。

我国是一个海洋大国，海洋国土广阔，在广阔的蔚蓝色国土中，蕴藏着丰富的资源量，包括渔业资源、矿产资源、油气资源、化学资源、海洋能资源和旅游资源等。自改革开放时起，我国海洋经济进入快速发展期。至今为止，我国海洋经济的增长速度可达年均20%以上，海洋经济已成为我国经济的重要组成部分。海洋对21世纪的我国经济发展具有举足轻重的战略地位，开发海洋、利用海洋，将为我国经济发展的总体战略目标做出重大贡献。

海洋国土与陆地国土一样，在国家安全中占据重要地位。在科技落后、交通欠发达的时代，海洋可以看成国家的天然保护屏障，阻挡了外来的侵犯。因此，在古时的秦国，统治者将主要精力放在万里长城的修筑上，而不是面

图10-1　西班牙无敌舰队

积更加广阔的岸防设施建造。近代之后，航海技术的发展和科学技术的发展，海洋不再是保护国家的屏障，而成了西方列强进行海外殖民掠夺的天然海上通道。通过海洋，资本主义国家完成了世界的瓜分。现今，世界军事发展已经由陆上力量的角逐演变成海上力量的角逐，例如，美国正是依靠强大的海军力量完成对世界的掌控。海洋军事力量的发展和军事活动的发展日渐影响到军事乃至政治战略的格局，海洋不但是战略争夺的焦点，

也是战略角逐的主体。随着科技的进步、经济的发展和世界各国海洋权益的斗争，海洋对国家安全的影响越来越大。

进入21世纪，围绕国际海洋资源的重新分配和海洋权益的分享而展开的国际海洋斗争将会越来越突出，形势也会越来越复杂，我国的海洋权益将面临严峻的挑战。

面对错综复杂的国家海洋安全环境，一个符合当前国情的海洋国土安全战略对当前的国家安全发展至关重要。

除此之外，海洋国土战略还与粮食安全战略、人口发展战略和文化发展战略等休戚相关。一个内容完整、定位准确、操作可行的海洋国土战略亟待问世。

二 我国海洋国土战略构想

我国的海洋国土防卫是薄弱的，没有安全的海洋主权，就没有安全的海洋权益，也就没有安全的海洋利益，也就没有安全的海洋经济。而我们是爱好和平的，我们的军队力量也是防御性的。因此"防卫性的海洋国土安全战略"是首位。

有研究认为：全世界海洋的总面积为 3.6 亿平方千米，其中 200 海里以内专属经济区的面积近 1.3 亿平方千米，公海的面积约 2.3 亿平方千米。近年驻在牙买加的联合国机构国际海底管理局认为公海面积约占地球表面积的

图10-2 我国海洋生产总值快速增长

51%。根据联合国有关框架和协议，世界各国管辖之外的海域的区域为"公海"。在今后相当长时期内，国家间争夺最激烈的将主要集中在"公海"领域。维护海域安全和合理开发资源，是人类利用公海的理性选择。我国是世界上人口最大的国家，按照"人权"的精神，我国在"公海"有最大利益。我们在公海已经做了一些卓有成效的工作，但是还不够，还应该更努力地，理性开发"公海"资源，积极开拓"公海"利益，为"中国梦"增砖添瓦。"开拓性的大洋利益合作战略"符合世界和平宗旨和我国利益。

改革开放以来，我国政治制度和经济制度的变革取得了很大成功，我们的国家是开放的、我们的经济是开放的、我国的政治也面临着开放，这些为海洋的开放性政策打下了很好基础。海洋系统是开放的、海洋的自然科学理论是开放的、联合国的海洋管理也是开放的。因此，表现为我国在海洋上的社会（政治、法律、意识、思想、管理、军事）战略也相应是开放的。

在海洋空间上，渤海、黄海、东海、南海的自然特征和社会特征是不同的，在我国海洋战略地位中所承担的责任和地位也是不同的。我国11个沿海省市自治区的地理经纬度、风土人情、经济实力、物产环境、科技水平均不同，在我国国家利益和战略的地位与责任也不同。但是渤、黄、东、南海又是连通的，相关的，同属我国海洋国土的有机部分，共同组成我国的海洋国土；各省市自治区也同属中华民族这个大家庭，正所谓"渤、黄、东、南一片海，沿海省市一盘棋"。但是，进入21世纪后，我国各沿海省、市、自治区的海洋发展规划却有很大的同质性，空间布局、产业结构、发展模式、污染水平多有相近，沿海地区没有根据自身情况而采取不同的发展模式和制定不同发展目标，有互相模仿的印记。因此，在制定我国国家海洋战略时，要从全国一盘棋的角度考虑，有"顶层"设计，也要有全局性、协调性和特色性的海洋区域战略。

我国是世界上人口最多的国家，人均面积、人均资源、人均生产、人均海域、人均岸线均很小，以致给土地、资源、环境、海洋、岸线，乃至教育、工程、社保等带来非常大的压力。我国一直处于，以后也将继续处于一种高承载的自然资源和自然环境条件下。在指导我国国家海洋战略时，我们的一切必须以高承载的自然资源和自然环境条件为基点，科学合理地设置我国的海洋教育、海洋工程、海洋科技、海洋经济和海洋开发问题。

到目前为止，我国海洋的自然资源和自然环境已经处于一种不可持续状态。海洋环境污染局部不断加剧，海洋资源，特别是渔业资源枯竭的现象不断涌现，近海围填乱象丛生，自然岸线所剩无几。剩余承载力与所承担的实现"中国梦"的伟大期望不相称。因此，在指导我国国家海洋战略时，一定要把"可持续的海洋自然利用"作为必要条件。

因此，我国国家海洋战略的定位可以设置为：

防卫性的海洋国土安全战略；开拓性的大洋利益合作战略；

开放性的海洋综合社会战略；协调性的海洋区域整体战略；

高承载的海洋发展基础战略；可持续的海洋利用自然战略。

在当今世界环境下，我国海洋国土战略的目标应是：立足海洋国土安全、面向全球海洋利益，实现中华民族的复兴；加强海洋基础，调整海洋策略，实现海洋强国；协调发展区域海洋事业，大力开拓国际海洋事务，发展和谐海洋。

三　海洋国土战略实施的条件

综观国内外形势，制定和实施我国海洋国土战略既有有利一面也有不利一面。

我国制定海洋国土战略的优势

制定和实践海洋战略需要统筹协调国际、国内、物力、财力、人力等各种因素。综观国际、国内形势，可以看出，国家制定和实施综观特色海洋战略具有天时、地利、人和的良好条件。

从国际环境看，世界局势总体趋向缓和。世界加快向多极化发展。发展中国家的国际地位进一步增强。大国关系在不断调整。世界要和平，国家要安定，经济要发展，人类要进步，和平与发展在现在和未来很长一段时间内仍然是时代的主旋律。世界多极化、经济全球化、政治民主化是不可逆转的时代潮流。1994年11月16日正式生效的《联合国海洋法公约》为世界沿海国家科学研究海洋、开发利用海洋和解决海洋争端提供了法律依据。《联合国海洋法公约》正式生效，也标志着人类依法开发海洋和依法全面管理海洋新时代的到来。发展海洋产业成为新一轮产业革命的重要内容。当前，世界沿海国家都把开发利用海洋作为加快经济发展、增强国际竞争力的战略选择。1996年5月15日，我国批准了该公约。《联合国海洋法公约》对我国生效有利于维护我国海洋权益，有利于发挥我国在海洋事务中的积极作用。与此同时，我国对外关系也处于历史上较好的阶段。这些为海洋国土战略的实施和发展提供了良好的国际环境。

任何海上力量的扩展都是以陆地为基础的。我国同14个国家接壤，陆地边界总长2.2万多千米。20世纪90年代以来，随着国际大环境的变化，我国加快了解决陆上划界的步伐。截至2004年年底，我国已与12个邻国签订了边界条约或协定。2005年6月2日，《中华人民共和国和俄罗斯联邦关于中俄国界东段的补充协定》的生效，中俄4300多千米边界线全部确定。这也标志着我国与苏联7600千米的边界全部划定，从而解决了我国陆上边界最大的不稳定因素。目前，最后的陆上边界纠纷——中印边界纠纷也正在解决中。我国的陆上边界已基本稳定。这为我国在新形势下规划和实施海洋战略创造了稳定的陆上环境。

21世纪被许多有识之士称为"太平洋时代"。20世纪初，美国总统西奥多·罗斯福曾经说过，地中海时代随着美洲的发现结束了。大西洋时代正处在开发的巅峰，势必很快就要耗尽它所控制的资源。唯有太平洋时代，这个注定成为三者之中最伟大的时代，仅仅初露曙光。韩国、东盟各国、澳大利亚以及所有环太平洋国家都积极认同"太平洋时代"的观点。近年来，世界经济技术中心正由大西洋向太平洋地区转移。太平洋地区将成为21世纪经济的重要舞台。我国背靠世界最大的大陆——欧亚大陆，又处在太平洋经济圈的重要位置，具有得天独厚的区位优势。

我国是个海洋大国，拥有绵长的海岸线。海岸带地形齐全，不但拥有广阔的海洋活动空间、海洋资源丰富，而且拥有很多优良的天然港湾。港湾是海运航线的出发点和终止点，从经济角度讲，是组成海运业、发展海洋渔业、"外向型经济"必不可少的条件，是一个国家走向海洋的基本依托；从军事角度讲，是基地，是海上力量的"根据地"，也如马汉所言：

"基地本身也正是一串有着逻辑上的承先启后关系的链条上不可缺少的一环，这串链条就是：工业—市场—控制—海军—海军基地。"

图10-3　上海港

我国有150多个面积大于10平方千米的海湾，其中优良的港湾有渤海湾、胶州湾、杭州湾、象山湾、厦门湾、广州湾、大亚湾等。沿海可供选择的港址有160多处。沿海还有400多千米的深水岸段，正在开发或者有待开发的深水港址有60多处。全球五大港口中，我国占有三席；全球港口十四强中，我国占有七席。截至2010年，我国亿吨大港已达到16个，大陆港口货物吞吐量和集装箱吞吐量连续六年保持世界第一。

可以说，我国实施和发展海洋国土战略，有着得天独厚的地形优势。我国沿海是开发的前沿阵地和对外经济合作的窗口。从20世纪80年代开始在过去的30年，从最早的深圳、珠海、厦门、汕头等特区，到后来第二轮的珠江三角洲、长江三角洲、环渤海，再到后来包括海峡西岸、天津滨海新区、上海浦东等沿海经济区，一系列开放式的窗口都在沿海兴起。从而使沿海形成了一个多层次、全方位的开放地带。过去的30年，依靠得天独厚的区位优势，沿海成为全国第一、第二、第三产业最为集中的地区，同时又是全国科技力量最密集的地区。沿海地区已成为全国海洋研究开发的基地和海洋教育发展的中心。21世纪，我国利用得天独厚的海洋区位和资源优势必定能实现"海洋强国"的战略目标。

随着改革开放的深化，我国涉海人员不断增多，国民的海洋意识得到进一步提升和发展。这为海洋战略奠定了良好的思想基础。另外一系列法律、法规、政策的出台，则更为我们发展海洋战略做好了铺垫。经济和技术力量是海洋战略实施的主要制约因素。缺乏资金和技术能力，单靠人们的热情和主观愿望是无法实施和发展海洋战略的。我国综合国力的提升，为海洋战略的构建提供了有力的物质基础和技术支撑。以上出现的种种新形势为我国走向海洋提供了良好的机遇和条件。我国制定海洋战略，必须抓住机遇，充分利用这些有利条件，实现从陆权国到陆海兼备大国、从海洋大国到海洋强国、海洋富国的转变。

近些年来，我国政府走向海洋的决心日渐坚定，有关"海洋开发和建设海洋强国"的内容也已经正式写进了十六大报告和政府工作报告，有关提升海洋产业、深化沿海开放等内容写进了十七大报告。十八大报告首度将建设海洋强国提升至国家发展战略高度，宣示我国将提高海洋资源开发能力，坚决维护国家海洋权益的决心，引起国际社会极大关注。21世纪是海洋的世纪，加强海洋的开发、利用、安全，关系到国家的安全和长远发展，我国适时提出建设海洋大国战略目标，既是着眼于中华民族伟大复兴的需要，也是着眼于我国领土主权和发展权的维护，致力构建"和谐海洋"。我国坚决维护国家海洋权益，建设海洋强国，不但不会对周边国家构成威胁，反而将成为捍卫亚太地区和平稳定的中坚力量。

十八大报告将维护海洋权益上升为国家战略层次，战略意义极为重要深远。事实上，海洋权益既包括维护管辖海域范围内岛屿主权、海域管辖权、资源开发利用权等任务，又有维护管辖范围以外海域的正当海洋利益的需求。目前我国经济已发展成为高度依赖海洋的外向型经济，对海洋资源、空间的依赖程度大幅提高，海洋经济更成为拉动我国国民经济发展的有力引擎。因此，提高海洋资源开发能力，维护国家海洋权益，建设海洋强国，不但为我国的可持续发展提供巨大动力，更是中华民族走向海洋文明进而实现伟大复兴的必由之路。

我国制定海洋国土战略发展面临的困境

面向海洋世纪，我国在制定海洋国土战略时，首要面对的不利因素就是国民海洋意识淡薄。历史已经证明：民族的海洋意识强烈与否对国家海洋实力乃至兴衰有着极为重要的影响。在我国2000多年的历史长河中，中央集权的政治制度、自给自足的自然经济、封闭的地理环境、传统文化的制约等，导致中华民族一直缺乏海洋战略意识，自上而下都存在"重陆轻海"的思想，表现在：缺乏海洋国土意识，对海洋国土的战略地位认识不清；对海洋的价值认识不全面，没有充分认识到海洋对于当今人类生存发展的特殊意义等。而且其战略视野也一直局限于我国沿海，更多的则是在近岸海域。

改革开放已经过去30余年，在取得不菲成就的同时，我们也应该清醒地认识到：海洋国土缺乏系统完整的战略规划。任何一个海上强国，都必须依靠政府的大力支持，都需要站在国家战略的高度来发展本国的海洋事业。美国已经完成海洋政策报告，并成为21世纪美国海洋发展战略。日本明确提出"海洋立国"的发展口号。韩国也制定了21世纪海洋开发战略，提出21世纪将韩国建设成为海洋强国。目前，我国虽然开始了《海洋事业发展规划》的编制工作，但与美国和日本等发达国家相比，我国真正开始系统地进行海洋战略研究起步晚，且在发展海洋强国的过程中仍缺少明晰、完整的总体战略和规划，只在具体的业务领域进行了一些战略研究。

在开发利用和保护我国海洋国土的同时，我们也出台了一系列法律、法规和政策，取得了一定程度的成就，但是，由于种种，我们在某些领域还存在法律的空白，同时"有法不依、执法不严"的现象也同样存在。总的来说就是海洋制度的制定和执行情况不容乐观。具体表现在：海洋法律体系不健全，还没有制定出与《联合国海洋法公约》相衔接的国内法律体系以及相应的配套细则；国家海洋局等管理部门行政级别偏低，无法满足海洋管理的要求；海洋管理体制分散、条块分割，导致管理成本增加且效率降低；部门之间互相侵权的矛盾得不到合理及时地解决，各行业主管部门容易只考虑本行业存在的管理问题，造成海洋管理其他目标的丢失；海上执法力度相对薄弱等。

一个国家的发展与国家的和平环境密不可分，局势动荡的地区不可能有良性的经济发展，因此，我国海洋事业的发展与海洋的和平环境紧密相连。一个和平的海洋靠什么实现？强大的军事实力！但事与愿违，与海洋强国以及我国实际需求相比，我国的海上军事力量相对较为薄弱。新中国成立至今，我国经历了60多年的风风雨雨，海洋军事力量有了长足发展。但是与我国建立一支强大的海上力量的要求还有一定距离。

四　海洋国土战略的基本国策

海洋与国家的生存和发展休戚相关，海洋的发展即国家的发展，民族的发展。向海洋进军是时代的召唤，也是实现中华民族伟大复兴的必然选择。实现中华民族的复兴，不单单是当代人的责任，也是子孙几代人的光荣使命。

作为一个海洋国土面积位居世界前列的海洋大国，建设"海洋强国"是顺应全球海洋开发大潮、走向民族复兴的必由之路，具有重要的现实意义和政治意义；这也是壮大国民经济，建设现代化经济强国的必然选择，经济意义重大；是增强国家海上军事实力，保卫祖国万里江山的必由之路，具有重要的国防意义。

海洋国土战略的制定，应将以下几点作为基本国策：

首先是将建设海洋强国作为21世纪重要的国家战略。国家组织制定我国21世纪海洋战略，把海洋发展战略同科教兴国战略、可持续发展战略摆到同等重要的地位，将其作为国家发展战略的重要部分进行组织实施。"十一五"期间国家制定了加快海洋科技发展的政策，出台《国家中长期科学和技术发展规划纲要（2006—2020年）》，提出要提升我国海洋科技水平和能力，发挥海洋科技在创新型国家建设中的作用。为进一步促进海洋经济的发展，国家"十二五"期间印发了《全国海洋经济发展"十二五"规划》，力图在未来5年内，我国海洋经济取得更加丰硕的成果。

海洋强国的建设应该是以先进和成熟的海洋管理为支撑的。建设海洋强国是一个庞大而复杂的系统工程，海洋开发和综合管理的任务会越来越繁重、产生的矛盾也会越来越突出，没有一个强有力的海洋综合管理部门来组织实施对海洋的开发与管理，将会直接影响海洋强国的建设进程。现今，关于海洋的开发与管理模式，我国还处在摸索阶段，国家海洋局的重组将会掀开海洋综合管理的崭新一页，相信我国的海洋管理部门会越来越健全和成熟。

在生活中，奖励的作用是巨大的；在海洋事业发展中，奖励的作用同样重要。对在我国海洋事业发展中做出突出贡献的地方、企业、集体、个人等进行适当的奖励。海洋事业的发展，需要政府的政策支持。今后政府在进行生产要素配置时，应当加大向海洋领域的倾斜程度。

科技是第一生产力。科技对海洋事业的发展起着至关重要的作用。科技来源于什么？教育。良好的人才培养教育是科技发展的有力支撑。因此，专家曾建言国家应该从战略高度认识海洋高层次人才培养和开发的意义，加强海洋高层次人才的培育、引进和使用工作。增加海洋科教投入，设立海洋科技人才基金等。

其次是实施海洋宣传教育战略。前文提及，我国国民海洋意识薄弱，海洋意识与海洋强国之间有着密切的联系，试想，一个连本国海洋国土是多少都不知道的国家，又怎能称得上海洋强国？实施海洋宣传教育战略，大范围、强力度地进行海洋知识的宣传、普及和教育，强化国民的海洋国土意识、海洋经济意识、海洋文化意识、海洋环境意识和海洋国防意识等。只有海洋观念深入人心，才能保证国家海洋强国梦想的实现。国家应该高度重视海洋教育，把强化民族海洋意识作为一项长期的战略任务来抓，组织实施海洋宣教工程，制定海洋教育发展规划，确定国民海洋教育的目标与实施途径。

海洋意识培养要从小学抓起，在学前、小学、中学和大学都应开设海洋普及课程，编写适应各年龄阶段的海洋读物。要强化海洋知识，促进海洋知识的普及，就要运用一切宣传手段和宣传途径，电视、广播、报刊等是不可缺少的工具，要力争在一定时期内扫除"海盲"，扭转长久以来"重陆轻海"的错误思想。

强化国民海洋国土意识，使"陆海并重，以海兴邦"成为全民族的共识。

深厚的海洋文化是提高全民族海洋意识的基础，也是衡量一个国家文明程度的重要指标。海洋文化是人类在进行海洋活动的历史中所创造的精神财富和物质财富的总称，包括海洋意识、海洋教育、海洋科技、海洋文学等。作为中华文化的一部分，我国海洋文化历史悠久，成果颇多，已成为我国建设海洋强国的力量之源。实施海洋文化发展战略，对加快我国海洋经济发展，加强海洋国土和海洋权益保护，促进海洋与陆地经济协调、社会的协调发展，具有深远意义。

　　我国历史上曾出现过辉煌的海洋文明，但是随着明清两朝的闭关锁国，我国海洋文明也一度出现没落。因此，在新世纪下我国应制定实施海洋文化发展战略，用来发掘和发展中华海洋文化，建立系统、完整的海洋文化体系，普及海洋知识，提高全民海洋意识，为发展我国的海洋事业和海洋文化，维护海洋权益，保卫海防安全，做出积极贡献。

　　最后，大力发展海洋经济。海洋强国，其评判指标是综合的，但是海洋经济无疑是重要的指标之一。为实现建设海洋强国的战略目标，促进海洋开发，有专家建言实施"海洋经济强省带动战略工程"的"强省战略"。通俗讲，该战略就是以某一海洋经济指标来衡量沿海行政区域的经济发展水平，以达标的强乡镇带动县，以强县带动市，以强市带动省，以强省带动全国海洋经济的发展，最终建成海洋经济强国。该战略的实施有助于充分发挥海洋经济群体优势，促使"海洋经济"板块尽快形成。同时该战略将竞争机制引入海洋经济发展中，可以充分调动方方面面的积极性，充分发掘海洋潜力，将海洋各产业有机地结合起来，从而带动海洋经济的进一步发展。

图片来源:

[1] 图10-1 http://www.baike.com/wiki/%E8%A5%BF%E7%8F%AD%E7%89%99%E6%97%A0%E6%95%8C%E8%88%B0%E9%98%9F西班牙无敌舰队

[2] 图10-2 http://news.yunnan.cn/html/2013-01/11/content_2572666.htm我国海洋生产总值快速增长

[3] 图10-3 http://jjckb.xinhuanet.com/invest/2011-02/22/content_289219.htm上海港

第十一章 >>
海洋国土经济

海洋占据着地球表面积的70.8%，占地球总水量的96.5%，海洋在全球经济中占据极其重要的地位。进入21世纪，陆上资源伴随着人口的不断膨胀而日益枯竭，寻求世界经济的可持续发展已成为未来世界的主流。海洋里蕴藏的资源比陆地上丰富得多，海洋已日益成为人类的天然宝库。海洋经济也成为世纪经济发展的一个强有力引擎。

近年来，海洋经济发展迅速，在国民经济中的地位日趋重要，同时，世界人口、经济越发向沿海地区聚集，人类的海洋意识普遍增强，与海洋联系日趋紧密。海洋问题逐渐成为全球焦点性问题。

在这种大背景下，沿海国（地区）纷纷将建设海洋强国（地区）作为长期发展战略。作为海洋大国，我国也将海洋作为关注的重点领域：党的十六大和党的十七大分别提出"实施海洋开发"和"发展海洋产业"战略；国务院印发的《全国海洋经济发展规划纲要》，提出了建设海洋强国目标；《中共中央关于制定国民经济和社会发展第十一个五年规划的建议》，提出了"开发和保护海洋资源，积极发展海洋经济"；《国民经济和社会发展第十一个五年规划纲要》设立专章，部署"实施海洋综合管理，促进海洋经济发展"工作；2012年，中共十八大报告首度将建设海洋强国提升至国家发展战略高度，宣示了我国将会进一步提高海洋经济所占我国总经济的比重。因此，增强国民海洋意识，大力发展我国海洋经济；依靠科技创新，优化产业结构是今后我国发展的战略重点。

一　海洋产业

　　海洋产业是人类在海洋资源开发利用过程中发展起来的，与陆地产业相对应，均属于产业系统的一个子类。海洋产业包含各行各业，既包括物资生产部门，也包括流通部门、服务和文化教育等部门。海洋产业是指开发、利用和保护海洋所进行的生产和服务活动。海洋产业主要表现在以下五个方面：直接从海洋中获取产品的生产和服务活动；直接从海洋获取的产品的一次加工生产和服务活动；直接应用于海洋和海洋开发活动的产品生产和服务活动；利用海水或海洋空间作为生产过程的基本要素所进行的生产和服务活动；海洋科学研究、教育、管理和服务活动。

　　与陆上产业相比，海洋产业属于新兴产业。随着现代科学技术的发展，人类认识海洋、开发海洋的意识不断提高，海洋开发范围也在不断扩大。在此过程中，海洋产业不断扩充，除传统海洋捕捞业和海洋航运业之外，又涌现出一批海洋新兴产业，如海洋药业、海洋油气夜灯。可以预见，在科学技术继续进步的未来，随着海洋开发、保护的深入，海洋产业家族还将会继续"添加新丁"。

　　面对种类繁多的海洋产业，根据不同的分类方式可有不同的分类结果。

　　应用国民经济三次产业分类标准，可以把海洋产业划分为海洋第一产业、海洋第二产业和海洋第三产业。海洋第一产业主要有海洋渔业，包括海洋捕捞业和海水养殖业以及正在发展中的海水灌溉农业（种植业、畜牧业）。海洋第二产业有海洋盐业、海洋石油和天然气业、滨海砂矿业和海洋船舶工业，以及正形成产业的深海采矿业和海洋生物医药业等。海洋第三产业有海洋交通运输业和滨海旅游业以及海洋公共服务业。

　　按照海洋产业发展时序和技术标准划分，海洋产业可以分为传统海洋产业、新兴海洋产业和未来海洋产业。传统海洋产业是指20世纪60年代以前已经形成并且大规模开发，不完全依赖现代高新技术的产业。传统海洋产业主要有海洋捕捞业、海洋交通运输业、海洋盐业和海洋船舶工业，这些产业目前还是我国主要的海洋产业。20世纪60年代至21世纪初，陆上资源减少，主要或部分依赖高科技的海洋产业开始兴起，称为海洋新兴产业。新兴海洋产业是相对于传统海洋产业而言的，是由于科学技术进步发现了新的海洋资源或者拓展了海洋资源利用范围而成长的产业，如海洋石油天然气业、海水增养殖业和滨海旅游业等。此外，海水利用业，包括海水淡化、海水直接利用以及海洋生物医药业等正在成长为海洋新兴产业。21世纪有可能开发的、依赖高新技术的产业，都可作为未来海洋产业，如深海采矿、海洋能利用、海水综合利用和海洋空间利用等。未来海洋产业是海洋产业发展的技术储备和准备阶段，一旦技术成熟，就可以成长为新兴海洋产业。

1. 传统海洋产业

海洋渔业、海洋盐业和海洋交通运输业等传统海洋产业经过了较长时间发展，以海洋渔业为例，其存在历史已达千年之久，但现今这些产业与最初时期已经取得了长足发展。

（1）海洋捕捞业：海洋捕捞业是利用各种渔具（如网具、钓具、标枪等）在海洋中从事具有经济价值的水生动、植物捕捞活动，是海洋水产业的重要组成部分。广义的渔业还包括渔船修造、渔具和渔用仪器和设备制造、渔港建设、渔需物质供应以及水产品的加工、储藏和运销等生产活动，是国民经济的一个重要部门。

（2）海洋盐业：海盐中的氯化钠是人们的生活必需品，也是重要的工业原料。海洋盐业是一个古老而恒久的产业，也是传统的海洋产业之一，又是海洋第二产业，是关系国计民生的重要产业，在国民经

图11-1　海上钻井平台

济中占据特殊的地位。许多沿海国家都在生产海盐，发展盐化工业。

（3）海洋交通运输业：海洋广阔的空间提供了便利的交通条件。海洋交通运输业是对海洋水域和空间利用最多的产业。19世纪末的"地理大发现"开辟了世界海洋所有最重要的航道，20世纪又开辟了通往南极的航道，至此海洋将整个世界联系起来。作为传统而又重要的海洋产业，海洋运输业的发展对海洋经济以及国民经济的发展都具有重要的意义。

2. 海洋新兴产业

海洋新兴产业发展较晚，但是发展速度较快，在近几十年间已经逐步成为海洋支柱产业。海洋新兴产业主要包含海洋油气业、海洋旅游业、海水增养殖业和临港工业等。

（1）海洋油气业：现代社会对煤、石油、天然气等化石燃料依赖度很高。作为能源，石油不仅仅是生活必需物质，也是重要的战略物资。作为当今世界上公认的最清洁能源，天然气是一种采收率高的理想供能物质。人类开发海底石油和天然气资源已有100多年的历史。20世纪60年代以后，新的海洋油气资源勘探、开采和储运技术逐步成熟，海洋油气资源开采成为收益最高和发展最快的新兴海洋产业。

（2）海洋旅游业：海洋旅游业是指在一定的社会经济条件下，以海洋为依托，为满足人们精神和物质需求为目的而进行的海洋游览、娱乐和度假等活动所产生的现象和关系的总和。现在，海洋旅游和娱乐业发展迅速，已经成为海洋经济的一个新兴的支柱产业部门。海洋旅游和娱乐业主要是指在海滨、海上、海中、海底和海岛开展的旅游和娱乐活动。海洋旅游和娱乐自古有之，而作为新兴产业发展，只是近几十年的事。

（3）海洋增养殖业：海洋增养殖业是海洋渔业中的新兴产业，这种产业的发展依赖于海洋生物资源增养殖技术的进步。一般来说，海洋增殖包含养殖和增值资源两部分。养殖是指从育苗、养成到收获完全在人的管理之下所进行的生产活动；增殖是指通过人工措施，如放流苗种，建立人工鱼礁改造渔场环境等，使资源得到增加的活动。海水增殖和养殖技术包括育苗、饵料、防治病害、改造渔场环境以及其他增养殖工程技术等。海水增养殖业是海洋水产业的主体产业，又是新兴的海洋产业，也是海洋经济中新的经济增长点。

（4）临海工业（临港工业）：临海工业，一般是指利用海洋的区位优势和资源优势，在海岸带开发基础上发展起来的某些特别适于以海岸带空间作为发展基地的工业。现代临港工业包括沿海船舶制造业、临海重化工业、临海能源工业以及电子和信息产业。

3. 未来海洋产业

未来海洋产业是指那些正在酝酿成长或者已经初步显露出潜在的开发前景的海洋生产活动。产业的发展往往不是一蹴而就的，一般都需要数十年的酝酿和成长过程，海洋产业也是如此。就目前形势和环境来看，许多未来海洋产业的资源调查和技术准备工作已经进行了多年。海洋新兴产业主要有海水利用、海洋生物开发、海洋能利用和深海采矿业，这些领域其实已有许多国家和地区进行了研究和尝试。也许在不久的将来它们就可能形成具有一定规模的海洋产业。

（1）海水淡化和海水直接利用：作为海洋资源的主体部分，海水资源可以分为两大类：一是海水中的水资源；二是水资源中溶解的化学元素资源。淡水是人类生存和发展的必须物质，在陆上淡水资源日渐紧张的今天，庞大的海洋无疑为人类提供了淡水供应的新希望。海水中的化学元素资源使得海洋成为无价之宝的"液体矿"，海洋化学元素开发利用的前景十分广阔。现在已经具有产业开发价值的有海水灌溉农业、海水淡化业、海水直接利用和海水提取化学产品。

（2）海洋生物开发产业：海洋生物开发，是指以海洋的生物资源为对象，运用生物工程、酶工程、细胞工程和发酵工程等现代生物技术手段，开发生产海洋药物、海洋食品、海洋保健品、海洋化妆品和海洋生物功能材料等海洋生物产品。目前，最有发展前途的海洋药物、海洋保健品和海洋生物功能材料，正在成长和发展为海洋新兴产业。

（3）海洋能利用：海洋中蕴含着丰富的海洋能资源，作为清洁、可再生能源，海洋能有可能成为未来的替代能源。世界海洋大国已经对海洋能开发利用展开研究，其中潮汐能利用已经达到商业开发规模，波浪能和潮流能也已小规模开发利用。在21世纪，海洋能源开发利用将实现实用化、商品化和产业化生产，逐步成为未来的海洋产业之一。

（4）深海矿物开发：深邃的海洋底部虽然"暗无天日"，却是资源宝库，如深海锰结核矿石等。深海海底及其资源是人类共同继承的财产，对于人类有着重要的潜在的经济意义。目前人类已掌握的技术，还不可能大规模开发这些资源。但是，许多国家正在对这些资源进行调查研究、试验性采集和进行开采、冶炼技术的准备工作，预计21世纪可以陆续形成各种深海采矿产业。

各海洋产业的发展状况并不均衡，在所有产业中，海洋油气、滨海旅游、海洋渔业和海洋交通运输业所占比例较大，构成世界海洋经济发展的四大支柱产业。海洋交通运输业和海洋渔业属于传统海洋产业，但是作为新兴海洋产业的油气业和旅游业发展迅速，后来居上，很快超过了传统的海洋渔业，成为现代海洋经济的主体。同时，其他的海洋产业也有较快的发展。与陆上产业相比，海洋产业发展迅速，海洋经济增幅较高，这些因素促使世界海洋经济不断地登上新台阶。

作为新兴海洋产业的代表，海洋油气的勘探与开发是陆地石油勘探与开发的延续，经历了一个由浅水到深海、由简易到复杂的发展过程。1887年，在美国加利福尼亚海岸数米深的海域钻探了世界上第一口海上探井，拉开了海洋石油勘探的序幕。全球海洋油气资源丰富，海洋石油资源量约占全球石油资源总量的34％，探明率30％左右，尚处于勘探早期阶段。

图11-2　满装货物的轮船

在滨海旅游业方面，以大海（Sea）、阳光（Sun）、沙滩（Sand）组合的"3S"滨海旅游业蓬勃发展，国际旅游者主要流向之一就是海滨及海岛旅游区。据世界旅游组织报告，海洋旅游业年接待人数达5亿人次，旅游年收入约2000亿美元，占全球旅游业总收入的50%左右。海洋交通运输业方面，在国际货物运输总量中，80%的货物是通过海上运输完成的，其中，位于世界首位的美国海运贸易量占其货物贸易总量的比例达95%，我国为85%。在英国，95%的对外贸易量是通过海港而到达国际市场的。海洋渔业方面，近10年来世界海洋捕捞业年产量基本保持在8000万吨的水平，而海水养殖业产量迅速增长，作为渔业捕捞大国，我国海洋渔业捕捞年产量在一千万吨以上。

　　海洋产业的发展是一个由少到多的过程，细细梳理其发展历程，可以看出科学技术在海洋产业结构形成中起着越来越大的决定性的作用。虽然海洋产业的发展与各地区自然环境和社会经济条件有相关性，但是对海洋产业发展起着决定性作用的还是科学技术。海洋产业是技术密集、资金密集和人才密集的行业，对现代科学技术有着强烈的依赖性，对最新技术的使用之多、应用之广，是其他行业很少能够与之相比拟的。海洋高新技术的发展和应用，直接关系到海洋新兴产业的形成与发展。海洋产业结构高级化的实质是海洋产业随着科学技术的进步而升级变化，同时，又反过来促进海洋产业的技术进步。高科技的应用使海洋产业中的传统产业得到不断改造，同时，又不断地开发和建立新的海洋产业。

　　从海洋产业经济总值来看，过去占据主导地位是第一产业，其次是第二产业，最后是第三产业。随着时间的推移，该结构逐渐逆转，第三产业开始占据海洋经济总值的头把交椅，而第一产业处于末位。

　　从地域范围来看，各地区海洋产业发展有明显的区别，这跟当地科学技术发展、自然环境、社会环境等有很大关系。

二 我国海洋经济发展史

早期的人类逐水而居，海滨是必然选择之一的地方。人类最初只是在沿海滩涂采拾海贝、虾蟹和下海捕鱼，向海洋索取一些可以直接利用的资源。在距今4000多年的原始社会末期，定居在沿海地区的居民已经大规模采拾贝类作为食品。

夏朝中期，近海航行和捕捞已比较频繁。商朝前后逐步建立了以"鱼盐之利，舟楫之便"为核心的海洋经济。我国古代的航海业和航海技术，从公元前3世纪起至公元15世纪，一直处于世界领先水平。隋唐五代时期，我国的造船技术、地图绘制技术和指南针就在航海中

图11-3　郑和宝船效果图

广泛应用，著名的"海上丝绸之路"遍及东南亚、南非、阿拉伯湾与波斯湾沿岸，甚至延伸至红海与东非海岸，形成了直接沟通亚非两大洲的长达万余海里的远洋航线。唐代中后期还专设了管理海外航运贸易的机构，胶州、广州等地成为名噪中外的贸易港口。16世纪初，我国航海事业发展达到顶峰，明朝郑和七下大西洋的伟大壮举就是发生在这一时期。

我国近代海洋经济的发展经历了艰难曲折的过程。清朝实施海禁政策，严禁外国商品的进入，严重阻碍了商品经济的发展和中外文化的交流，阻碍了我国近代海洋经济的发展。1840年英国的炮舰轰开了我国的大门，一系列对外战争的失败和不平等条约的签订，使清政府的闭关政策彻底破产。辛亥革命后，中央政府设立了渔业管理机构，颁布的《公海渔业奖励条例》等渔业法规促进了海洋渔业的发展。由于实施了积极的政策和

措施，我国海洋渔业出现了短暂的兴旺期。我国在19世纪中后期出现了海洋运输事业。1865年，李鸿章等人在上海创办了江南制造局，并于1868年8月制造了我国第一艘海轮"恬吉"号。据1916年的统计资料，我国各轮船公司共有海轮135艘，总吨位6743吨。抗日战争时期，沿海地区沦陷，海洋运输事业几乎全部夭折，我国近代的海洋经济遭到了空前的劫难。

20世纪60年代后，在海洋科学技术的推动下，人类完成了对传统海洋经济的突破，海洋产业开始出现多样化，形成了包括海洋捕捞、海水养殖、海盐及盐化业等十多个部门的海洋经济。同时，世界海洋经济产值保持高速增长，海洋经济产值每十年翻一番。世界各主要沿海国认识到发展海洋经济的战略意义，把国民经济的发展方向转向海洋经济。人们预测，21世纪是海洋世纪，到2020年左右，海洋经济将占世界经济总值的10%。

新中国成立之后，我国海洋经济得以恢复和快速发展。特别是自20世纪70年代末改革开放以来，我国重视对海洋资源的开发利用，海洋经济持续增长。20世纪90年代以来，海洋经济以两位数的年增长率快速发展。1989年的海洋经济总产值比1979年增长了5倍，2000年比1989年增长了近10倍。2010年比2000年增长了8倍左右。2011年，海洋经济总值达到4.5万亿元。我国海洋经济已成为我国国民经济发展的重要组成部分和积极的推动力量。

三　我国海洋经济现状

我国濒临西北太平洋，大陆岸线长1.8万千米，面积大于500平方米的岛屿6500多个，内水和领海主权海域面积38万平方千米。根据《联合国海洋法公约》有关规定和我国的主张，我国管辖的海域面积约300万平方千米。此外，我国在国际海底区域还获得了7.5万平方千米专属勘探开发区。目前我国经济已发展成为高度依赖海洋的外向型经济，对海洋资源、空间的依赖程度大幅提高，海洋经济更成为拉动我国国民经济发展的有力引擎。因此，提高海洋资源开发能力，维护国家海洋权益，优化海洋产业结构，建设海洋强国，不但为我国的可持续发展提供巨大动力，更是中华民族走向海洋文明进而实现伟大复兴的必由之路。

过去20多年间，我国海洋经济总量高速增长的同时，海洋产业门类也日趋增多，海洋捕捞业、海洋运输业、海洋盐业等传统产业逐步走向成熟，海水增养殖业、海洋油气业和滨海旅游业等新兴海洋产业已具有一定规模，海洋能、海水综合利用等未来产业也处在探索发展阶段，总而言之，我国已形成了多元化发展的海洋产业的新格局。

进入新世纪，高新技术发展迅速，遥感、激光、生物、电子、深潜等技术越来越多地被应用到海洋开发过程中，这使得大规模、大范围开发利用海洋资源成为可能，科学技术在推动传统产业向前发展的同时，也促进了新兴海洋产业的形成和发展，使海洋开发活动得以更快速的发展。与此同时，国家在2003年发布实施《全国海洋经济发展规划纲要》，该纲要在实施过程中有效促进了海洋资源的利用，合理布局沿海地区海洋经济发展，宏观指导海洋产业调整。2008年，国务院批准实施《国家海洋事业发展规划纲要》。纲要提出的目标是：海洋经济发展向又好又快的方向转变，对国民经济和社会发展的贡献率进一步提高。

我国海洋经济总量持续快速增长。"十五"期间，我国海洋经济发展始终坚持速度和效益相统一的原则，海洋经济发展态势良好。在此期间，海洋主要产业总产值累计突破5万亿元大关，比"九五"期间翻了一番。2003年，主要海洋产业总产值首次突破1万亿元。"十五"期末主要海洋产业增加值比初期增长一倍，海洋产业增加值占国民经济的比重已达到4.0%，比"十五"初期高出0.6个百分点。2005年主要海洋产业总产值为16987亿元，占同期国内生产总值的4.0%。"十一五"期间，我国海洋经济年均增长13.5%，持续高于同期国民经济增速。"十五"末期我国海洋生产总值为1.77万亿元，到2010年海洋经济生产总值为3.8万亿元；海洋生产总值占沿海地区生产总值的比重从"十五"末期的15%，增长到2010年的近16%；涉海就业人员超过3300万人，其中新增涉海就业570万人。沿海地区产业聚集水平显著提高，其中环渤海、长三角和珠三角地区海洋生产总计占据全国海洋生产总值的近90%。在此期间，海洋新兴产业开始崭露头角，进入快速发展期；一批重大海洋基础设施建设也取得突破性进展；

我国海洋产业的国际地位和影响力持续攀升。

2011年4月29日，国家海洋局发布的《中国海洋发展报告（2011）》指出，"十二五"期间，我国将初步形成海洋新兴产业体系，支撑引领海洋经济发展，战略性海洋新兴产业整体年均增速将不低于20%，产业增加值实现翻两番。该报告同时指出，"十二五"期间是我国强化海洋权益保障能力，实现海洋经济增长方式转变以及产业结构调整，建立海洋新兴战略产业体系的关键时期。在面对日渐严峻的海洋维权、海洋生态环境保护形势和海洋资源开发利用的巨大需求，应实施以高技术为先导的海洋产业发展战略。据介绍，在"十二五"期间，我国将重点支持发展一批具有核心竞争力的海洋高技术先导产业，形成比较完善的海洋高技术产业体系，形成由海洋生物育种与健康养殖产业、海洋药物和生物制品产业、海水利用产业、海洋可再生能源与新能源产业等组成的海洋高技术产业群，保持这些产业群年增长速度不低于30%，在同期海洋产业增加值中所占比重提高10个百分点左右。到2015年，我国海洋新兴产业增加值对国民经济贡献将提高一个百分点，争取超过6000亿元；到2020年，国家海洋高技术产业基地将成为国家产业结构升级和区域经济发展的重要引擎。

经过"十一五"时期的发展，我国海洋经济迈上新的台阶，站在新的历史起点上。作为我国海洋经济发展转变的重要阶段，"十二五"时期尤其重要。为科学规划海洋经济发展，合理开发利用海洋资源，根据《中华人民共和国国民经济和社会发展第十二个五年规划纲要》和《全国主体功能区规划》的有关精神，我国于2012年9月16日颁发了《全国海洋经济发展"十二五"规划》。该规划指出"十二五"时期全国海洋经济发展的主要目标：海洋经济总体实力进一步提升；海洋科技创新能力进一步加强；海洋可持续发展能力进一步增强；海洋产业结构进一步优化；海洋经济调控体系进一步完善。

在国家宏观指导和科学技术的双重作用下，我国海洋经济得到飞速发展，海洋经济在增加GDP、扩大就业途径等方面的作用日益凸显。2012年全国海洋生产总值50087亿元，比上年增长7.9%，海洋生产总值占国内生产总值的9.6%。其中，海洋产业增加值29397亿元，海洋相关产业增加值20690亿元。海洋第一产业增加值2683亿元，第二产业增加值22982亿元，第三产业增加值24422亿元，海洋第一、第二、第三产业增加值占海洋生产总值的比重分别为5.3%、45.9%和48.8%。

表11.1 2006—2012年我国海洋经济发展状况

年份	海洋生产总值 / 亿元	占国民生产总值比重 / %	第一产业增加值占增加值比重 / %	第二产业增加值占增加值比重 / %	第三产业增加值占增加值比重 / %
2006	20958	10.1	5.27	47.04	47.69
2007	24929	10.11	5.11	46.14	48.75
2008	29662	9.87	5.42	47.29	47.29
2009	31964	9.53	5.88	47.12	47.00
2010	38439	9.7	5.34	47.12	47.50
2011	45570	9.7	5.1	47.9	47.0
2012	50087	9.6	5.3	45.9	48.8

图片来源：

[1] 图11-1 http://www.nipic.com/show/1/20/5246090kec342b9b.html海上钻井平台

[2] 图11-2 http://china.globalhardwares.com/hengwei77.html满装货物的轮船

[3] 图11-3 http://www.xsnet.cn/news/zsj/2009/1/18/810830.shtml郑和宝船效果图

第十二章 >>
我国海洋
国土法律

法律制度是一个法治国家的根本。我国海洋法律制度建设是实现海洋法制、海洋可持续发展的有力保障。自新中国成立以来，我国的海洋法律从无到有，一系列相应的法律制度应运而生，这些法律制度对于我国海洋事业的发展产生了非常大的作用。

新中国成立之后，为了维护我国海洋安全，保护我国海洋利益不受侵害，根据国家主权原则，在总结我国领海管理的理论与实践的基础上，结合国际实践和公认的国际法原则，我国于1958年颁布了《中华人民共和国政府关于领海的声明》，在此声明中，宣布我国的领海宽度为12海里。同时指出我国大陆及其沿海岛屿的领海以连接大陆岸上和沿海岸外缘岛屿上各基点之间的各直线为基线，从基线向外延伸12海里的水域是我国的领海。在基线以内的水域，包括渤海、琼州海峡在内，都属于我国的内海；在领海基线以内的岛屿，也属于我国内海。该声明中也包含外国飞行器以及船舶在我国领海范围内所遵循的原则等内容。该声明的颁布，标志着我国领海制度的初步建立，这对捍卫我国领海主权、维护海洋利益、发展海上交往、巩固海防等都具有重大意义。

为加强海上交通管理，保障船舶、设施和生命财产的安全，维护国家权益，我国于1983年9月2日由第六届全国人民代表大会常务委员会第二次会议通过了《中华人民共和国海上交通安全法》，该法是涉及海上航行的诸多事项的一部专门法规，适用于在我国沿海水域航行、停泊和作业的一切船舶、设施和人员以及船舶、设施的所有人、经营人。

我国于1986年1月20日第六届全国人民代表大会常务委员会第十四次会议通过了《中华人民共和国渔业法》，其后又经过两次修订。该法对我国渔业资源的开发利用、管理和养护等有明确规定。该法的制定规范了我国海洋捕捞业、养殖业等，同时也有效保障了我国海洋渔业资源的可持续发展。

《中华人民共和国政府关于领海的声明》只是一个原则性的声明，主要是为了国家安全和国防，确立了我国领海的范围和基本制度，但是未通过立法的形式对领海内的法律制度做出全面规定，也没有公布领海基点基线，这对执行法律和维护领海权益极为不利。虽然在此之后我国相继制定了一系列有关海洋的行政法律，如《进出口船舶联合检查通则》（1961

年）等，但缺乏必要的基本法律。同时，自20世纪60年代以来，国际海洋法随着科学技术的发展有了很大变化，出现了新领域和新规范，如专属经济区制度、国际海底制度，而领海制度和大陆架制度有关内容也处于不断调整之中。我国周边一些国家趁此机会宣布实施了领海、毗连区、专属经济区，侵犯我国在某些海域的历史性所有权。在此背景下，我国于1992年2月25日正式公布《中华人民共和国领海及毗连区法》。该法全面规划了我国领海及毗连区制度，是关于我国管辖海域的一部基本法律。该法重点突出了对领海的主权以及毗连区的管制权，它的颁布对我国行使领海主权以及毗连区管制权、维护国家安全和海洋权益，制止外国掠夺我国海洋资源等违法行为提供了国内法的有力支持，具有重要意义。

　　海洋国土包括领海、毗连区、专属经济区和大陆架等部分，为确定我国的海洋国土，我国相继制定和颁布了一系列法律、条例、规定等，如《中华人民共和国关于领海的声明》《中华人民共和国领海及毗连区法》等。此外，在保护海洋资源、防止海洋污染和保护海洋环境方面也制定了一些法规。但是和许多国家相比，我国海洋立法呈现滞后状态，同时现有的国际国内立法的执法力度也不足。在此环境下，我国海洋国土的开发利用和保护明显处于不利局面，正因如此，我国一些周边海洋国家就乘隙而入，以其国内立法以及拼凑起来的所谓国际法的依据，侵占属于我国享有的海洋主权，从而形成了长期悬而未决的南海诸岛争端、钓鱼岛争端及近海划界争议等问题。对此，我国以往更多是以国际法为依据与不法行为相抗争。但是，实践证明仅靠国际法是远远不够的，国内立法同样重要。在领海和毗连区已经立法的背景下，为了保障我国对专属经济区和大陆架行使主权权利和管辖权，维护我国海洋权益，我国于1998年6月26日通过《中华人民共和国专属经济区和大陆架法》，此法的公布标志着我国300万平方千米的海洋国土的完整确立。至此，我国对300万平方千米海域行使开发、利用的权力，不仅有国际法的依据，同时也有了明确的国内法上的依据。它将更有助于我国解决与周边海洋国家的争端，维护我国海洋权益。

　　海洋环境是一个复杂的系统，它包含海水、溶解和悬浮于水中的物质、海底沉积物以及生活在海洋中的生物。海洋作为人类生存不可缺少的客观事物，随着海洋开发规模的扩大，人类对其依赖性越高。随着海洋事业的发展，海洋环境也受到人类活动的影响和污染。在此情况下，为了保护我国海洋环境，防止污染损害，保护生态平衡，保障人体健康，促进海洋事业全面发展，我国于1999年12月25日由中华人民共和国第九届全国人民代表大会常务委员会第十三次会议修订通过了《中华人民共和国海洋环境保护法》，该法自2000年4月1日起实施。

为从根本上、全局上和发展的源头上注重环境影响、控制污染、保护生态环境，及时采取措施，减少后患，我国于2002年10月28日通过并颁布了《中华人民共和国环境影响评价法》（简称《环评法》）。该法主要的意义在于找到一种比较合理的环境管理体制，充分调动社会各方面的力量，可以形成政府审批，环境保护行政主管部门统一监督管理，有关部门对规划产生的环境影响负责，公众参与，共同保护环境的新机制。《环评法》的制定，进一步有效保护了海洋环境。该法自2003年9月1日起施行。

沿岸海域是全球海洋邻接陆地的浅海部分，其面积虽然仅占全球海洋面积的7.5%，与人类却有着密切联系，对人类影响较大。作为沿海经济与社会发展的可扩展和延伸的区域以及沟通地区和世界的枢纽地带，沿岸海域具有显著的边境优势。因此，沿岸海域是海洋中经济与社会价值极高的海区。从古至今，沿岸海域都是人类开发利用海洋的主要场所。也正由于这一原因，该区域资源与环境损害、破坏也最为严重，有些海区呈现生态失衡。作为海洋大国，我国拥有32000多千米大陆与海岛岸线，所以沿海海域比较广阔，资源丰富，开发利用区位优势明显。此外，我国大陆沿海地区经济发展较快，社会发展程度较高，人口稠密，所以近岸海域资源损害、环境破坏相对更为突出。近几十年来，为了适应海洋开发事业的发展，大多数国家认识到必须加强海洋管理，并逐步建立海洋综合管理与海洋行业管理相结合的海洋管理体系，海域使用管理是海洋综合管理的核心内容。为规范海域使用活动，我国于2001年10月27日公布了《中华人民共和国海域使用管理法》。该法是一部规范了在我国内海和领海的水面、水体、海床和底土从事排他性用海活动的综合性法律。该法于2002年1月1日起正式实施，它的实施开创了海域使用管理的新时期，是海洋综合管理走向法制化管理的重要标志。

近年来，由于陆地资源的加速消耗，各沿海国家纷纷调整国家海洋政策和战略，建立健全海洋管理体制和机构，制定、修订、颁布相关法律政策，在世界范围内形成海洋开发热潮。由于海岛在海洋中的特殊地位，许多国家将海岛保护与利用活动写入相关法律中。自改革开放以来，特别是实施国家海洋开发战略以来，随着经济的快速发展和自然资源的短缺，海岛资源的重要性日渐凸显，海岛开发利用特别是无居民海岛的开发利用活动也逐渐增多。同时，由于相关法律的缺失，我国在海岛开发利用过程中暴露出来的问题也逐渐增多，主要包括：海岛数量减少、海岛生态严重破坏，海岛开发无序、无度等，这些问题的出现，严重损害了我国海岛生态，威胁着海岛地区经济社会的可持续发展，因此，迫切需要通过海岛立法予以解决。在此背景下，为了保护海岛及其周边海域生态系统，合理开发利用海岛自然资源，维护国家海洋权益，促进经济社会可持续发展，我国于2009年12月26日公布《中华人民共和国海岛保护法》。该法是我国首次以立法的形式，加强对海岛的保护与管理，规范海岛开发利用秩序。《中华人民共和国海岛保护法》的颁布实施，填补了海岛保护法律的空白，完善了我国海洋法律体系，创新了海岛管理体制，开创了海岛开发新格局，对维护国家主权和领土完整，维护国家海洋权益具有重大意义。

除以上法律外，我国涉海法律还有《中华人民共和国野生动物保护法》《中华人民共和国矿产资源法》《中华人民共和国可再生能源法》《中华人民共和国港口法》《中华人民共和国测绘法》《中华人民共和国物权法》等，分别涉及海洋濒危动物保护、海洋矿产资源开发、海洋可再生能源利用、海港管理、海洋测绘、海域使用权等方面。这些法律成为我国行使海洋主权、维护海洋利益、开发利用海洋、保护海洋的法理依据。

涉海立法作为我国法制建设的组成部分，随着我国法制建设的发展而发展。至今为止，我国已经颁布实施了一批涉及海洋的法律法规，它们的实施，有利促进了我国海洋事业的发展，对促进海洋开发事业、海洋资源与环境保护、海洋权益维护等起了重要作用，使得我国涉海活动基本上可以做到有法可依。在看到成就的同时，也应该注意到存在的问题，主要有：（1）海洋法律制度不够健全，没有形成完善的海洋法律体系；（2）部分海洋法律不能与时俱进，存在过时、陈旧现象；（3）立法进程滞后，突出表现在海洋经济发展中海洋开发与环境、资源保护等较为尖锐的领域。

在海洋地位不断上升的今天，海洋法律制度建设的重要性也日渐凸显。国内学者关于完善我国法律制度的相关研究与建议也颇多。例如，杨先斌的论文《完善中国海洋法律体系的思考》，在梳理国内外海洋立法的基础上，提出根据我国涉海法律、法规的性质、作用、适用范围和法律效力的不同，我国海洋法律体系框架可以分为五层：第一层是宪法和海洋基本法；第二层是关于我国海洋权益的法律，包括领海和毗连区法，专属经济区和大陆架法；第三层是关于海洋资源的开发利用、交通运输、环境保护、科学研究等法律，如渔业法、矿产资源法、海洋环境保护法等；第四层为实施上述法律而制定的行政法规、部门规章、条例等规范性文件；第五层为地方性法规和规章。

　　总之，无论是从国家海洋权益的维护还是海洋经济发展的角度，健全海洋法律制度都是毋庸置疑的。海洋法律制度的健全是一项系统工程，需要我们不断研究先进的国际海洋理念和制度，借鉴国外成功经验，结合我国实际国情，在此基础上，科学、完善地制定海洋法律，为我国海洋权益维护、海洋事业发展等保驾护航，实现国家海洋战略，振兴中华民族。

主要参考文献

[1] 高振生，等.我国蓝色国土备忘录.郑州：中州古籍出版社，2010.

[2] 冯士筰，李凤岐，李少菁.海洋科学导论.北京：高等教育出版社，1999.

[3] 侍茂崇.沧海桑田.哈尔滨：哈尔滨工业大学出版社，1999.

[4] 赵松岭，王珍岩.海陆沧桑之变.北京：海洋出版社，2012.

[5] 杨文鹤.蓝色的国土.南宁：广西教育出版社，1998.

[6] 何立居.海洋观教程.北京：海洋出版社，2009.

[7] 干焱平.海洋与我国的未来.北京：海洋出版社，2001.

[8] 徐质斌.海洋国土论.北京：人民出版社，2008.

[9] 张泽南，张璐.勿忘蓝色国土.福州：福建教育出版社，2000.

[10] 尹成杰.粮安天下.北京：中国经济出版社，2009.

[11] 苏永生，李文渭，宇文胜.神奇的海洋世界.青岛：青岛海洋大学出版社，1996.

[12] 《中国海洋志》编纂委员会.中国海洋志.郑州：大象出版社，2003.

[13] 仝开建.走向海洋.北京：中国发展出版社，2008.

[14] 中国科学院《中国自然地理》编委会.中国自然地理——海洋地理.北京：科学出版社，1979.

[15] 全国海岛资源综合调查报告编写组.全国海岛资源综合调查报告.北京：海洋出版社，1996.

[16] 杨文鹤.中国海岛.北京：海洋出版社，2000.

[17] 王颖主编.中国海洋地理.北京：科学出版社，1996.

[18] 蒋磊.蓝色回归——21世纪初的人类与海洋.北京：海潮出版社，2004.

[19] 宁凌.海洋综合管理与政策.北京：科学出版社，2009.

[20] 徐家声.华夏古陆的沉浮.北京：海洋出版社，2001.

[21] 薛津生.海洋呼唤科学.北京：海洋出版社，2001.

[22] 孙湘平.中国近海区域海洋.北京：海洋出版社，2006.

[23] 孙光圻.中国古代航海史.北京：海洋出版社，2005.

[24] 戴旭.海图腾.北京：华文出版社，2009.

[25] 戴旭.盛世狼烟.北京：新华出版社，2009.

[26] 王生荣.海权对大国兴衰的历史影响.海潮出版社，2009.

[27] 于志刚.海洋经济.北京：海洋出版社，2009.

[28] 国防时报.日本海洋文化，2010年5月21日.

[29] 全国海洋经济发展"十二五"规划.国务院，2012.

[30] 2012年中国海洋经济统计公报.国家海洋局，2013.

[31] 中国海洋发展报告(2011).国家海洋局，2011.

[32] 胡斯亮.围填海造地及其管理制度研究.中国海洋大学博士论文，2011.

[33] 刘晓瑜，董立峰，陈义兰，周兴华.渤海海底地貌特征和控制因素浅析.海洋
科学进展，2013,31（1）：105～115.

[34] 冯文科，鲍才旺.南海地形地貌特征[J].海洋地质研究，1982,2（4）：80～93.

[35] 沈坤荣，周密，李蕊.海洋经济："十二五"期间我国经济发展的新动力[J].上
海行政学院学报 2011,12(3):64～70.

[36] 曹金平.中国的"马汉"——记第一个提出"蓝色国土"概念的郭振开[J].海
洋世界，1998（5）：3～5.

[37] 高月.蓝色的觉醒——中国人的海洋意识和海上力量的发展，现代船舶[J].2006，
（03）：14～19.

[38] 陆儒德.从国际海洋法谈新的国土观念[J].中国软科学，1996（9）：19～23.

[39] 周才凡.东海油气普查勘探历程及成果，海洋地质与第四纪地质.1989,9
（3）：51～61.

[40] 姜亮.东海陆架盆地油气资源勘探现状及含油气远景.中国海上油气：地
质.2003,17（1）：1～5.

[41] 江怀友，李治平，卢颖，张建国，郭建平，江良冀.世界海洋油气酸化压裂技
术现状与展望，中外能源，2009,14（11）：45～49.

[42] 中国最美的十大海岛(图)—搜狐广东 http://gd.sohu.com/20051115/
n240721596_8.shtml.

后　记

　　与浩瀚的宇宙相比，地球显得微不足道，但它的独特性又令其光彩夺目，它是太阳系中唯一拥有大量液态水的星系。俯瞰地球，你会清楚地看到，人类居住的地球是一个淡蓝色的水球，而陆地只不过是浩瀚大洋中的一个个岛屿。海洋占地球表面积的70.8%，而陆地只占地球表面积的29.2%。海洋对于自然界、人类文明发展、社会的进步以及人类的未来有着巨大的影响，可以毫不夸张地说，人类的发展直接受益于海洋。

后记

　　纵观近代人类文明发展史，任何一个大国都重视经略海洋，而惨痛的历史事实也告诉世人：忽视海洋、故步自封的国家，往往难逃被欺凌奴役的厄运。随着时代的发展，海洋的重要性日渐凸显，战略地位不断提升，特别是近10年来，各国围绕海洋的角逐日趋激烈。

　　作为陆权国家，黄土地的"黄色文明"一直占据统治地位。受传统陆权文化的影响，即便是在海洋世纪的今天，不少人对海洋的战略地位、海洋权益等问题缺乏必要而清晰的认知。

　　我国地大物博，山川秀丽，江河纵横，是名副其实的陆地大国。但是，我们也应该清醒地认识到，在广袤的海洋上，我们也拥有一片"沃土"——海洋国土。历史反复昭示我们，向海而生，背海而衰。在新世纪下，为了实现中华民族的伟大复兴，我们必须走向海洋、经略海洋！相信我国成为世界海洋强国之日，必将是中华民族实现伟大复兴之时。